室内设计实用教程 理想·宅 编

小型办公空间设计

Small office space design

中国电力出版社
CHINA ELECTRIC POWER PRESS

内容提要

本书介绍了小型办公空间的分类及设计要点,并详细阐述了小型办公空间设计中的功能分区及配置、环境设计、界面设计、装饰设计等方法和要点,提出了小型办公空间的功能分区及配置要求。书中精选了优秀设计师的小型办公空间设计案例,为读者提供丰富的小型办公空间设计灵感。

图书在版编目(CIP)数据

小型办公空间设计 / 理想·宅编 . — 北京:中国电力
出版社,2020.4
室内设计实用教程
ISBN 978-7-5198-4113-3

Ⅰ.①小… Ⅱ.①理… Ⅲ.①办公室—室内装饰设计
—教材 Ⅳ.① TU243

中国版本图书馆 CIP 数据核字(2020)第 006255 号

出版发行:中国电力出版社
地　　址:北京市东城区北京站西街 19 号(邮政编码 100005)
网　　址:http://www.cepp.sgcc.com.cn
责任编辑:曹　巍(010-63412609)
责任校对:黄　蓓　于　维
责任印制:杨晓东

印　　刷:北京博海升彩色印刷有限公司
版　　次:2020 年 4 月第一版
印　　次:2020 年 4 月北京第一次印刷
开　　本:710 毫米 × 1000 毫米　16 开本
印　　张:14
字　　数:298 千字
定　　价:78.00 元

前言

FOREWORD

　　人们对于生活品质的追求，对良好工作环境的需要，促使办公空间的装修设计悄然地发生了变化。传统的办公室装修是千篇一律的，矿棉板吊顶、无纹理地面瓷砖、成品的办公家具使办公室无论是从大到小，还是从宽到窄，都一个模样，毫无特色，也无法提供给工作者更加舒适的工作环境。

　　职场人希望改变这种办公室设计现状，在装修办公室时会有这样的疑问："办公室很小要怎样设计？""如何才能设计出自己满意、员工喜欢、花费较少的办公空间呢？"本书的编写便是对这些问题进行了解答，从平面布局的分配、功能的分区、环境的设计，到具体墙面、地面、顶面的设计等，给出了详细的设计建议。

　　本书同时精选了大量出自精英设计师之手的小型办公空间设计案例。希望有助于设计出具有空间特色，受员工喜爱、可提升工作效率的办公空间。

编　者

2020 年 3 月

目录

CONTENTS

第一章
小型办公空间设计基础

了解小型办公空间的功能与分类，从最基础的知识点入手，找出小型办公空间与普通办公空间的差异，总结出设计规律，使设计能够更加贴合空间特点。

一、小型办公空间的功能

　　小型办公空间的首要功能与中大型办公空间并无区别，即工作功能。但不同于中大型办公空间，小型办公空间可能由于面积的限制，无法拥有全部的功能性，但因为注重生活与工作相结合的理念，所以也较注意艺术功能的融合。

　　办公空间：指为满足人们办公需求而提供的场所，其首要任务是使工作高效，其次是塑造和宣传企业形象。

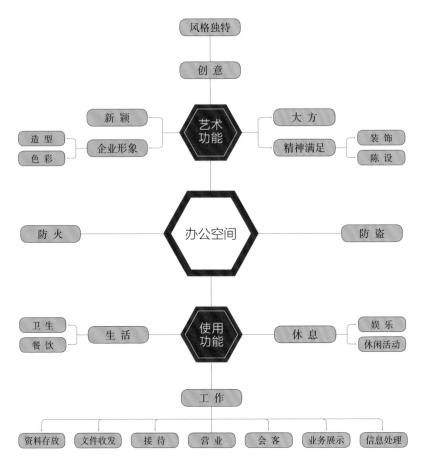

办公空间功能分布图

❶ 工作功能

由于空间的限制，小型办公空间更注重于经营、信息处理及文件收发等工作功能，对于资料的存放、接待及业务展示等工作功能可能并不会特别突出。

▲满足处理日常工作需求

❷ 休闲功能

小型办公空间虽然面积较小，无法单独设立一个房间满足休闲娱乐的需求，但也并不代表不可以实现休闲功能。大多数小型办公空间可以在空间的角落或过渡区域，如通道走廊等，摆放几个休闲家具，营造出可以放松的区域，实现休闲功能。

▲休闲功能的加入，使小型办公空间更人性化

❸ 居住功能

有些小型办公空间可以同时满足办公与生活需求，如起居、睡眠、洗浴等功能。但由于小型办公空间的面积并不宽敞，所以需要注意让生活区和办公区互不干扰，提高它们各自的有效利用率。

▲挑高设计的小型办公空间可以加入居住功能，满足员工多重需求

❹ 艺术功能

小型办公空间的艺术功能包括新颖创意的体现与独特风格的树立，不同于普通办公空间，小型办公空间的个性更加强烈一些，也更注重营造人性化的办公氛围，在轻松、舒适的环境中提高工作效率。

▲独特的色彩和装饰展现出个性，也带来了明亮、愉快的办公环境

二、小型办公空间的分类

办公空间不仅是指办公室之类的孤立空间，根据办公的业务性质与布局形式的不同，小型办公空间也可以进行简单的分类。

❶ 满足双重功能的公寓式办公空间

公寓型办公空间的主要特点是除了可以办公外，还具有类似住宅的盥洗、就寝、用餐等功能。公寓型办公空间提供白天办公和用餐，晚上住宿就寝的双重功能，给需要为办公人员提供居住功能的单位或企业带来了方便。

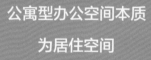

公寓型办公空间本质为居住空间

与居住空间的四个生活区域相比，公寓型办公空间强调了个人区域中工作区的作用。在空间的安排上，除满足家庭公共生活、家务劳动等功能外，对办公工作空间的布置要求更高。

▲就寝功能

▲办公功能

▲用餐功能

❷ 面积利用率最大化的开敞式办公空间

开敞式办公空间是将若干个部门置于一个大空间中，每个工作台通常用矮挡板分隔，便于大家联系的同时又可以相互监督。这种办公空间由于工作台集中，省去不少隔墙和通道的位置，节省了空间；同时装修、照明、空调、信息线路等设施容易安装，费用相应有所降低。

在开敞式办公空间中，常采用不透明或半透明轻质隔断材料隔出高层领导的办公室、接待室、会议室等，使其在保证一定私密性的同时，又与开敞空间保持联系。

▲ 开敞式小型办公区的空间布局

▲ 利用可移动隔断门可以分隔出相对独立的会议室

❸ 注重人性化设计的景观办公空间

现代化的办公空间注重人性化设计，小型办公空间也更加注重人与办公空间的联系。在狭小的办公空间里，为减少环境对人们的心理和生理上造成的不良影响，减轻视觉疲劳，营造一个生机盎然、心情舒畅的工作环境尤为重要。景观式办公空间在空间布局上创造出一种非理性的空间形式，将生态意识贯穿于设计中，减轻办公空间内带来的压抑和疲劳，激发工作积极性，提高办事效率。

▲工作区的绿化设计

▲自然生态办公空间一角

第二节
设计要点

一、办公空间的总体设计要求

办公空间设计是为办公活动提供环境保障的预设工作，因此设计的总体要求主要围绕着办公活动的需求进行。

❶ 设计直观体现办公特点

办公活动的场所并不是办公桌与椅子的简单组合。合格的办公空间设计，要能直观地反映出该场所的特点。比如创意性的办公空间，如果以常规的办公环境模式设计，那么就不能让人一眼看出该公司的定位与业务属性。

▲创意性办公空间入口

❷ 功能空间划分明确合理

明确合理的功能空间划分，才能提高空间的使用效率。但需要从两个方面入手：
- 根据办公活动的功能、各功能区之间的关系，划分出明确的功能属性；
- 虚拟代入办公活动，检验功能区之间的关系是否合理。

❸ 空间形象符合企业文化形象

企业的软实力通常体现在其文化形象的表达上。自身形象的塑造是企业经营活动的一部分，有助于帮助增加产业价值。比如企业文化中有致力于环保的理念，那么在办公空间的设计上就要有节能减排的形式体现，避免过多材料或照明的堆砌，与企业形象背离，让人产生虚假感。

▲利用废旧木料和砖材来装饰空间，体现公司环保理念

❹ 材料工艺可实施且成本可控

设计的可实施性强，并不是提倡使用保守材料来进行繁复的工艺设计，而是提倡在设计时考虑到材料工艺的设计，在有限的预算之中尝试不同材料的常规与非常规的组合，进而创造全新的视觉及功能效果。

▲自然生态办公空间一角

❺ 环保设计

满足环保要求，遵循环保 5R 设计原则。既为人的健康安全考虑，又要节省能源。

小贴士

5R 设计原则

- 减量（Reduction）。即为减少空间活动使用的能源消耗，如水、电等资源。
- 重复使用（Reuse）。即对材料、资源的二次利用或多次利用。如雨水收集、中水回用等，通过空间工具的可重复使用降低资源消耗。
- 回收（Recycling）。即对办公空间活动中产生的垃圾废物进行有效回收，减小污染。如有效的垃圾分类回收、办公纸张再利用等。
- 再生（Regeneration）。即废旧家具、建材、办公用品等的再设计利用。如功能置换设计，利用废旧键盘为 IT 企业设计形象墙，利用废旧轮胎为运输公司设计座位等。
- 拒用（Rejection）。即不使用有毒、有害的装修材料等，如大面积天然石材会有放射性危害超标的隐患，过多胶粘的设计会有甲醛超标的可能等。

二、小型办公空间的特殊设计要点

与中大型办公空间相比，小型办公空间常常具有面积或层高等方面的局限性。因此，在小型办公空间设计中，除了要考虑以上办公空间的总体设计要求之外，也要针对小型办公空间的特点对其需求进行针对性的设计。

❶ 空间功能的取舍与合并

由于小型办公空间面积的局限性，在平面布局上很有可能会出现无法分割出所有功能性空间的情况。此时，在设计上要针对不同属性的公司对其功能性空间进行适当的取舍和合并。如将接待室和会议室结合；利用折叠门或移门分割出多功能空间，打开是开敞的办公空间，合并是封闭的会议空间；保留茶水间，取消休闲区等。

▲多功能性空间，灵活使用空间

② 从个体到整体把握空间尺度

针对小型办公空间而言，在平面布置上更要考虑家具、设备的尺寸以及办公人员使用家具、设备时必要的活动空间尺度。同时还要考虑各部门工位的排列方式，以及过道等设计。如采用开敞式办公，从部门管理的角度组团分区布置（通常4~6人为一组），根据部门的功能和各部门之间的联系合理布置组团的位置，以此来减少面积的浪费。设计师也可以根据实际的工位使用率和面积合理安排家具尺寸和过道尺寸。针对使用率低的家具和过道，可以采用最低尺寸来协调整个空间。

▲用组团的方式分区布置

③ 营造良好的办公氛围

小型办公空间很容易因为有限的空间而显得十分拥挤，设计师可以利用色调、灯光等来对空间进行调整，减少空间的压抑感，营造良好的氛围，创造舒适、高效的办公环境。如干净明亮的装修色调、布置合理的灯光以及充足的采光都可以营造出具有明快感的办公室，不会因为空间小而让人感到压抑。另外绿色植物的引入，会有良好的视觉效果，从而创造一种春意，这也是营造室内明快感的创意手段。

▲大面积的采光让小型办公空间更加明快

④ 利用不同材料加强空间感

　　除了通过色调、灯光等方式来减少空间的压抑感外，设计师还可以通过选择合适的材料、利用反射等物理现象来加强空间感。如室内空间净高较低，简化顶部设计，淡化顶部的视觉存在感，则能有效减少空间的压抑感；有些小空间在墙面安装了大幅镜面材质，利用光影反射拓展空间感；还有通过条状材料列阵形成的肌理效果增强空间动感，等等。

▲条状材料形成的曲线造型，使空间充满了动感

第二章
小型办公空间的
功能分区及配置

小型办公空间因为面积往往并不大，所以功能的分区和配置显得至关重要。如何在有限的空间里，满足基本的功能需求，同时不会显得局促，这是在设计小型办公空间时最关键的问题，也是设计师必须要掌握的关键部分。

第一节
功能分区

一、功能分区特点

空间功能分区的安排，首先要符合工作的开展和使用的方便。满足办公的使用功能是最基本的要求。

常见办公功能分区

❶ 门厅

特点：

- 整个办公环境的门面；
- 一方面对外展示形象，另一方面满足接待问询、员工考勤等功能。

规划要点：

- 门厅面积要适中，过大易造成空间浪费，过小会影响客户对公司的实力印象；
- 门厅可安排前台接待或布置休息区。

▲简洁现代的前台设计，给人留下较好的第一印象

▲在入口的拐角处设置接待区，减少空间的浪费

❷ 员工办公区

特点：

- 是办公环境构成的主体；
- 平面布局时所分配的空间最大。

规划要点：

- 根据联系的紧密度，安排各部门之间的位置；
- 捋清公司业务流程，按职能顺序划分。

以小型的图书公司为例：

公司有销售部、设计部、编辑部、会议室四个部门功能区。

业务流程顺序为：销售部→会议室→编辑部→设计部

①销售部需要接待客户，放在前面方便工作；

②销售部和编辑部利用会议室频率较高，所以会议室是两个部门的空间过渡；

③编辑部定下内容方案后，会交办给设计部，所以这两个部门距离较近。

▲用隔断分割空间，将联系紧密的部门分布在通道两边，方便联系

❸ 管理层办公区

特点：

- 占据整个空间较好的位置，包括朝向、风景、私密性等；
- 既能展现企业形象，又能体现管理者品味素养。

规划要点：

- 一般多采用单独式房间，或封闭隔断隔开的单独空间。

▲用玻璃隔断隔开的管理层办公室

▲管理层办公室占据了光线较好的空间

❹ 会议室、会客室

特点：

- 都是用于集体商谈讨论的工作空间；
- 公司面积不足时，两个功能可以合并在一个空间使用。

规划要点：

- 根据员工人数和实际应用需求决定面积大小；
- 根据空间的布局方式（围合式、报告式）来确定区域划分。

▲围合式会议室：可围坐在一起的会议室，方便相互之间的讨论

▲报告式会议室：阶梯式座位，面向同一方向的屏幕，以传达信息为主

▲带有电视机的小型会议室可以兼具会议和会客功能，玻璃隔断也可以让空间既封闭又通透

⑤ 辅助功能空间

特点：

- 影响办公环境实际使用品质，包含茶歇区、卫生间、库房；
- 茶歇区使员工劳逸结合，增强归属感；
- 库房收纳办公器材、设备，保证办公环境整洁性；
- 卫生间除常规功能外，还有整理仪容等需求。

规划要点：

- 茶歇区可以是封闭空间或开放区域，一般根据面积大小决定；
- 根据使用频率的高低和使用对象，决定库房位置划分；
- 卫生间的划分要能满足所有部门使用，位置又不能太突出。

▲小型办公空间大多采用开放式茶歇区的方式节约空间

二、功能分区设计原则

小型办公空间的功能分区重点在于面积的分配与位置的选择，在有限的场地中尽量做到功能的完备，保证各个功能区之间的联系合理。

❶ 有序化

小型办公功能的分区离不开办公活动的实际运行情况。应根据合理的秩序化设计，便捷有序地使用空间来提高工作效率。设计师要了解所设计公司的运行框架，然后明确各功能空间范围，避免混乱不清的划分。另外，在设计过程中，可以利用虚拟角色代入的方式随时检验，模拟员工或是领导者在设计好的空间布局中工作、行动，这样也有助于找到不足。

▲秩序化的排列工位、分布功能区，使空间更加明确

❷ 合理空间尺度分布

小型办公空间受建筑面积的影响，在设计时必须要具备较好的尺度观念。通常对于空间尺度的把握来源于人体工学的数据参考，但是大多数的数据只能代表某一种人员活动所需的空间数据，并不能解决诸多活动整合在一起的人机尺度标准。对于空间尺度的把握，关键还是要建立科学的尺度观，通过代入实验、对比实验，找到最为合理的尺度组合。

▲在小型办公空间中用科学的尺度来排放不同功能空间的位置

一、人体尺寸

小型办公空间设计在使用面积受限的情况下，需要合理地确定空间的大小尺度、办公者的作业空间和活动范围等。必须对人体尺寸、运动轨迹等参数有所了解和掌握，才能做到最大化地利用空间。

人体工程学：从办公空间设计的角度来说，人体工程学的主要作用在于通过对人生理和心理的正确认识，使办公环境因素适应人工作活动的需要，从而达到提高环境质量和工作效率的目的。

人类活动主要分动态和静态两种，在设计过程中只有满足使用者的生活行为和心理需要，才能提供舒适的办公环境，提高工作效率。

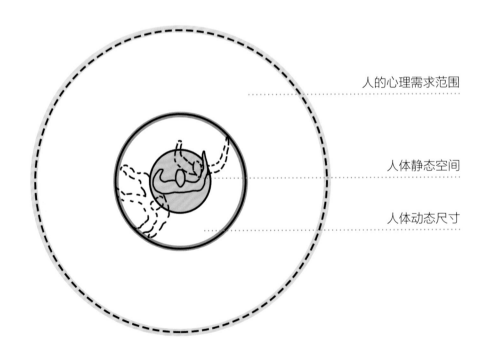

人的心理需求范围

人体静态空间

人体动态尺寸

① 人体静态尺寸

- 人体静态尺寸：人体处于固定的标准状态下测量的；
- 人的静态姿势：立姿、坐姿、卧姿和跪姿；
- 设计中应用最多的人体结构尺寸：身高、眼高、臀宽、肩宽、手臂长度、坐高、坐深等。
具体尺寸见表 1~ 表 8。

我国成年男性人体主要尺寸

表 1

百分位数 * 测量项目	男（18~60 岁）		
	5	50	95
身高 /mm	1583	1678	1775
体重 /kg	48	59	75
上臂长 /mm	289	313	338
前臂长 /mm	216	237	258
大腿长 /mm	428	465	505
小腿长 /mm	338	369	403

* 第 5 百分位数是指 5% 的人的适用尺寸，第 50 百分位数是指 50% 的人的适用尺寸，第 95 百分位数是指 95% 的人的适用尺寸，可以简单对应成小个子身材、中等个子身材、大个子身材

我国成年女性人体主要尺寸

表 2

百分位数 * 测量项目	女（18~55 岁）		
	5	50	95
身高 /mm	1484	1570	1659
体重 /kg	42	52	66
上臂长 /mm	262	284	308
前臂长 /mm	193	213	234
大腿长 /mm	402	438	476
小腿长 /mm	313	344	376

我国成年男性立姿人体尺寸（单位：mm）

表3

百分位数 *　　测量项目	男（18~60 岁）		
	5	50	95
眼高	1474	1568	1664
肩高	1281	1367	1455
肘高	954	1024	1096
手功能高	680	741	801
会阴高	728	790	856
胫骨点高	409	444	481

我国成年女性立姿人体尺寸（单位：mm）

表4

百分位数 *　　测量项目	女（18~55 岁）		
	5	50	95
眼高	1371	1454	1541
肩高	1195	1271	1350
肘高	899	960	1023
手功能高	650	704	757
会阴高	673	732	792
胫骨点高	377	410	444

我国成年男性坐姿人体尺寸（单位：mm）

表5

测量项目＼百分位数 *	男（18~60岁）		
	5	50	95
坐高	858	908	958
坐姿颈椎点高	615	657	701
坐姿眼高	749	798	847
坐姿肩高	557	598	641
坐姿肘高	228	263	298
坐姿大腿厚	112	130	151
坐姿膝高	456	493	532
小腿加足高	383	413	448
坐深	421	457	494
臀膝距	515	554	595
坐姿下肢长	921	992	1063

我国成年女性坐姿人体尺寸（单位：mm）

表6

测量项目＼百分位数 *	女（18~55岁）		
	5	50	95
坐高	809	855	901
坐姿颈椎点高	579	617	657
坐姿眼高	695	739	783
坐姿肩高	518	556	594
坐姿肘高	215	251	284
坐姿大腿厚	113	130	151
坐姿膝高	424	458	493
小腿加足高	342	382	405
坐深	401	433	469
臀膝距	495	529	570
坐姿下肢长	851	912	975

我国成年男性人体水平尺寸（单位：mm）

表 7

百分位数 * / 测量项目	男（18~60 岁）		
	5	50	95
胸高	253	280	315
胸厚	186	212	245
肩宽	344	375	403
最大肩宽	398	431	469
臀宽	282	306	334
坐姿臀宽	295	321	355
坐姿两肘间宽	371	422	489
胸围	791	867	970
腰围	650	735	895
臀围	805	875	970

我国成年女性人体水平尺寸（单位：mm）

表 8

百分位数 * / 测量项目	女（18~55 岁）		
	5	50	95
胸高	233	260	299
胸厚	170	199	239
肩宽	320	351	377
最大肩宽	363	397	438
臀宽	290	317	346
坐姿臀宽	310	344	382
坐姿两肘间宽	348	404	478
胸围	745	825	949
腰围	659	772	950
臀围	824	900	1000

❷ 人体动态尺寸

- 人体动态尺寸：人在进行功能活动时，肢体所能达到的空间范围；
- 动态尺寸：四肢活动尺寸、身体移动尺寸。

具体尺寸见表 9、表 10。

我国成年男性人体水平尺寸（单位：mm）

表 9

百分位数 * / 测量项目	男（18~60 岁）		
	5	50	95
立姿双手上高举	1971	2108	2245
立姿双手功能上高举	1869	2003	2138
立姿双手左右平展宽	1579	1691	1802
立姿双臂功能平展宽	1374	1483	1593
立姿双肘平展宽	816	875	936
坐姿前臂手前伸长	416	447	478
坐姿前臂手功能前伸长	310	343	376
坐姿上肢前伸长	777	834	892
坐姿上肢功能前伸长	673	730	789
坐姿双手上举高	1249	1339	1426
跪姿体长	592	626	661
跪姿体高	1190	1260	1330
俯卧体长	2000	2127	2257
俯卧体高	364	372	383
爬姿体长	1247	1315	1384
爬姿体高	761	798	836

我国成年女性人体水平尺寸（单位：mm）

表10

百分位数 * / 测量项目	女（18~55岁）		
	5	50	95
立姿双手上高举	1845	1968	2089
立姿双手功能上高举	1741	1860	1976
立姿双手左右平展宽	1457	1559	1659
立姿双臂功能平展宽	1248	1344	1438
立姿双肘平展宽	756	811	869
坐姿前臂手前伸长	383	413	442
坐姿前臂手功能前伸长	277	306	333
坐姿上肢前伸长	721	764	818
坐姿上肢功能前伸长	607	657	707
坐姿双手上举高	1173	1251	1328
跪姿体长	553	587	624
跪姿体高	1137	1196	1258
俯卧体长	1867	1982	2102
俯卧体高	359	369	384
爬姿体长	1183	1239	1296
爬姿体高	694	738	783

小贴士

在测量和设计时，对数据的应用需要注意以下几点：

- 够得着的距离：一般采用 5 百分位数的尺寸，如设计站着或坐着的高度时。
- 常用的高度：一般采用 50 百分位数的尺寸，如门铃、把手。
- 容得下的尺寸：一般采用 95 百分位数的尺寸，如设计通行间距。
- 可调节尺寸：可能时增加一个可调节型的尺寸，如可调节的椅子、可调节的隔板等。

二、小型办公空间人体尺寸应用

在小型办公空间里，人体尺寸的应用不光可以给使用者带来舒适、便利的办公环境，而且也能帮助更好地规划设计空间。

❶ 身高

- 用途：确定通道和门的最小高度。

▲门的高度，至少要在身高的基础上再加 100mm

❷ 眼高和坐姿眼高

- 用途：确定屏风和开敞式空间隔断高度。

◀1200mm 以下的低隔断，可保证坐姿时的私密性；1520mm 的隔断，可提供更高的视觉私密性，但身高较高的人站立时仍可从上方看出去；2050mm 以上的隔断，有最高的私密性，但会产生压迫感

③ 最大肩宽

- 用途：确定围绕桌子的座椅间距、公用空间的通道间距。

▲一个人的肩膀宽约600mm，设计一条容纳两个人行走的过道就是1200mm宽；考虑人走路时的摇摆，过道的理想宽度应该是1300mm；过道仅仅能确保一人行进，一人侧避的情况，那么就要900~1000mm宽

④ 坐姿大腿厚度

- 性质：指从座椅表面到大腿与腹部交接处的大腿端部之间的垂直距离。
- 用途：设计柜台、书桌、会议桌等家具。

◀大部分成年人的坐姿大腿厚度在150mm左右；有些家具需要把腿放在工作面下面，大腿与大腿上方的障碍物之间应有适当的间隙，至少要大于150mm

⑤ 垂直手握高度

• 性质：指人站立、手握横杆，然后使横杆上升到不使人感到不舒服的限度为止，此时从地面到横杆顶部的垂直距离。

• 用途：确定开关、控制器、书架、衣帽架等的最大高度。

◀开关的高度一般在1200~1400mm（一般开关高度是和成人的肩膀一样高），且安装在同一高度，相差不超过5mm；书架高度一般为1800~2200mm，方便取放文件等

⑥ 向前手握距离

• 性质：指直立手臂向前平伸，这时从墙到拇指尖的水平距离。

• 用途：确定在工作台上方安装隔板或办公桌前面的低隔断上安装小柜的最远距离。

▲根据我国成年人的数据统计，向前手握距离在520mm左右。这个数据可以方便人们在配备家具时候做出更好的选择

家具配置

一、小型办公空间家具的选择

　　小型办公空间由于面积的因素，对于家具的选择需要谨慎，合理的家具选择可以帮助更好地规划空间。除去最常见的办公家具选择，小型办公空间家具的选择可以更加多能化，从而减少空间的浪费。

会议桌

办公椅　　　　　　　　办公桌　　　　　　　　橱柜

▲ 常见办公家具

可移动家具

- 特点：底部带有脚轮，可自由移动。
- 优点：适应不同空间的使用，提高家具利用率，减少家具固定摆置造成的空间浪费。
- 缺点：稳固性相对较差。

一体化家具

- 特点：多功能集合，同时满足办公、收纳、展示、休闲等功能。
- 优点：减少来回移动浪费的时间，节约空间。
- 缺点：缺乏视觉美感，显得较为厚重。

1	2
3	4

便携家具

- 特点：可拼装或折叠的家具。
- 优点：体积较小，形态灵活，可根据空间大小自由组合。
- 缺点：质量较轻，承重能力较弱。

可调节家具

- 特点：可对家具尺寸、大小或高度进行调整。
- 优点：满足不同空间或人的使用需求，达到一物多用。
- 缺点：频繁调节可能会增加损耗。

可移动办公椅

可移动办公桌

橱柜可移动置物架

可移动抽屉底座

一体化电脑桌

收纳展示一体柜

办公展示一体桌

收纳办公一体桌

可折叠办公桌

可折叠长桌

拼装办公桌

可折叠座椅

可调节办公椅

可调节办公桌

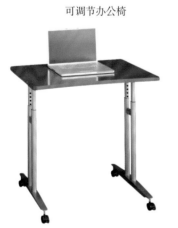

可调节站立式办公桌

可调节抽拉式桌

二、不同空间区域家具布置

了解办公空间不同功能区域中的家具选择是十分必要的，它能为实现设计的整体化与系统化提供一个全面又实用的规划基础。

① 办公区

工作是现代人们最重要的行为活动，办公区是办公人员开展日常工作所需要的区域。办公区根据位置和身份的不同，所需办公家具的类型也不同。因此，办公区的家具具有多样性。

办公区的家具主要包括办公桌、办公椅、文件柜等，同时还配有书架、会议桌、演示用的投影设施、复印件和各种喝茶、休息等用的外围设备。家具的组合方式由主要使用对象、工作性质、设计标准、空间条件等因素决定。其中，办公桌椅的布置是办公区空间布局的主要内容。

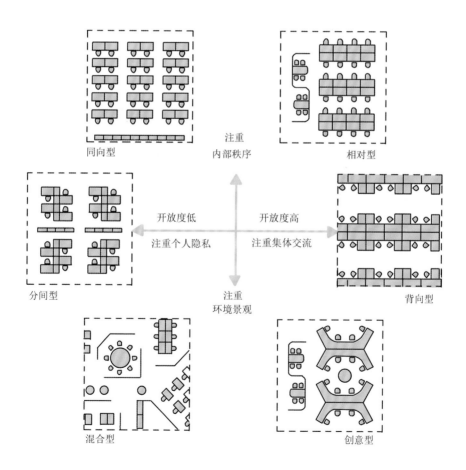

- 同向型：视线不会相对，不会让人感到不舒服，不易于交谈，因而可以保持相对安静的工作环境；工作人员行走的路线引导明确，没有遮挡。
- 相对型：工位面对面布置，有利于人们交流工作；电脑、打印机等办公设备布线、管理较为方便；由于视线直接相对，所以需要增设挡板。
- 分间型：私密性程度较高，给人安全感；分间布置占用面积较大，空间利用率不高。
- 背向型：属于相对型和同向型的结合，因而兼具两者的特点，便于处理信息和提高效率。
- 混合型：属于灵活的布置形式，可根据使用情况、业主喜好来布置，能创造出多样化的空间形式。
- 创意型：桌椅布置为创意主题服务，以营造特殊的室内环境，达到展示企业文化、激发员工潜力、提高办公效率的目标，较多用于文化创意产业办公。

❷ 会议区

会议区是员工进行开会、讨论的区域。小型办公空间由于空间的局限性，会议区往往还兼具洽谈的功能。会议区的平面布局主要是根据已有房间的大小、参会人员的数量以及会议的举行方式来确定，会议区的家具形式丰富，组合方式也多种多样。（见表 11、表 12）

会议区规模与布局

表 11

人数 布局形式 *	8 人左右	16 人左右	32 人左右
	20m²	40m²	73m²
	20m²	45m²	65m²

会议区规模与布局

表 12

人数 / 布局形式 *	8 人左右	16 人左右	32 人左右
口字形	23m² / 4500 × 5100	38m² / 5900 × 6500	76m² / 8400 × 9000
U 字形	34m² / 6200 × 5400	43m² / 8000 × 5400	86m² / 12000 × 7200
课堂型	33m² / 6000 × 5500	46m² / 6900 × 6600	63m² / 6900 × 9100

* 口字形，适用于会议的组织形式以研究、讨论、商谈为主的场合；U 字形，适用于使用屏幕、黑板，有明确的讲解人的场合；课堂型，适用于人数较多、以传达信息为主要目的、主讲地位明确的场合。

❸ 休闲区

休闲区是员工放松和消除疲劳的区域，小型办公空间中的休闲区往往不会完全集中在一个区域，通常会穿插于各个功能空间之间或设置于某些角落空间。休闲区的布局一般都为开放式，但因其家具形式的丰富，组合形式比较多样化，沙发、小茶几、吧桌、吧凳、扶手椅、阶梯式看台等都是常见的形式。休闲空间的家具需要给人一种随意、舒适的感觉，因此家具在空间布局上兼具公共性的同时也要保障一定的私密性。

▲以灰、白、浅木色为主的空间，点缀鲜亮颜色的杯子和壁灯，让空间整体更加协调，桌椅都可随意移动、随意组合，让空间显得更加舒适

▲活动的移门，可以在具有公共性的同时兼具私密性

▲休闲区的吧台具有特殊的造型，和墙面装饰呼应，让空间更加具有整体性，且丰富了整个空间

❹ 通行区

通行区，包括水平方向的大厅、走道和竖向的楼梯、电梯间等，它是一个功能相对模糊的空间形式，有时只是纯粹的通行功能，但经常又会产生与他人相遇、交流、讨论等行为。

通行区应该是一个没有妨碍物、不阻挡行走的空间，所以通行区使用的家具较少，一般在空间允许的条件下，走道、大厅等通行空间可以在道路两旁放置长椅或储藏柜、书架等，方便过路人的临时交流及丰富空间的储藏功能；在楼梯与电梯中一般不配置家具，除非是特殊情况，例如当空间足够时，靠墙的楼梯可在墙边设计展示架，也可将楼梯与公共休闲空间结合，营造一种充满活力的生态环境。

▲在过道的墙面可以做内嵌式的硬包卡座，既不妨碍空间，还可以作为短暂交流和休闲的区域

▲有时也会在过道中设计一些绿植，为单调的通行空间增添色彩

❺ 辅助区

辅助区主要是机房、后勤区、储藏间、卫生间、快递收发室等空间，虽然辅助区不占有主要地位，但同样是不可缺少的。每个空间中具体的家具形式应与其功能相对应，且空间布局都较为简单和常规，都是封闭式空间，按照规定尺寸来放置家具。

▲隐藏式卫生间可以减少气味、声音的影响，让空间的布局更加含蓄

例如，储藏间就应设计大量的柜类或者层架类家具，并注意在设计上对储藏物品分类的引导，使人们潜意识里做到物品分类，方便之后的翻看查找。同时，不同的储藏区域也应注意不同的功能附加需求，部分设计公司的材料样品间一方面要有储藏材料样品的作用，另一方面要起到一个展示的作用，方便对客户进行材料样品的展示，对这一类型的储藏空间就更适合使用开放式的储藏家具，同时还应配置一两个展示桌，方便将样板的选择方案展示出来，并以这个桌子作为空间媒介展开项目讨论等活动。

▲可以将储存功能放入具有会客功能的会议室中，方便在会客的过程中展示样品或样板等

三、小型办公空间家具的配置尺寸

小型办公空间家具的选择很重要，可以提高空间的利用率，但如何在有限的空间规划好家具的摆放位置，同时满足动线的流畅性，保证功能的完整性又能节约空间，这也是至关重要的。

❶ 办公桌

小型办公空间办公桌多为独立使用，最重要的是紧凑。由于面积的限制，办公所涉及的功能应当尽量设置在触手可及之处，因此与普通办公家具相比，小型办公空间办公桌的布置要更显灵活简洁。

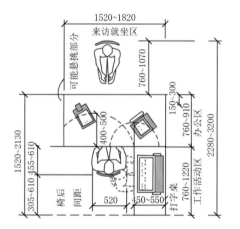

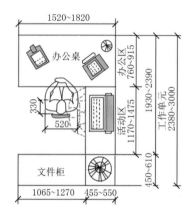

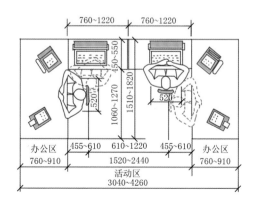

办公桌与人的平面尺寸关系

① 满足基本办公需求的办公桌的长度在 1520~1820mm；
② 满足日常工作需要的办公桌的宽度在 760~910mm；
③ 吊柜距离桌面的距离至少在 380mm 才不会影响工作；
④ 完全遮挡住视线的隔断高度在 1520~1620mm。

① 办公桌的高度最好在 760~1120mm；
② 满足日常工作需要的办公桌的宽度在 760~910mm。

❷ 办公椅

椅子是最直接的、最小的人性环境。最主要的功能就是提供阅读、书写等有办公相关的事务，要符合正常的人体姿势，而符合人体工学的椅子则必须具备三点：支撑背部，使人体呈现自然曲线；将身体的重量平均地分配；尽可能降低接近膝盖的大腿背面所承受的压力。

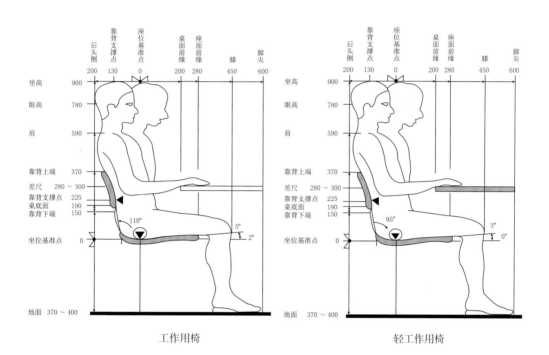

工作用椅　　　　　　　　　　　　　　　　　　轻工作用椅

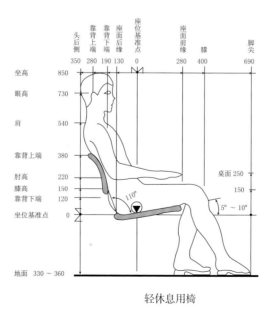

轻休息用椅

① 办公椅的坐面到地面的高度最好在 380~450mm；
② 办公椅的整体长度（包括底轮）一般在 680mm。

① 办公椅的宽度最好满足 620mm 才能保证舒适度；
② 办公椅坐深最好在 520~620mm。

❸ 会议桌

　　会议桌的大小取决于实际需要，还要结合会议室的空间形状来选择，同时还要考虑会议桌及座位以外四周的流动空间。一般在小型办公空间中以可容纳 4~8 人的会议桌为宜，或者在开敞办公区安排 3~6 人的小会议桌方便员工工作交流。

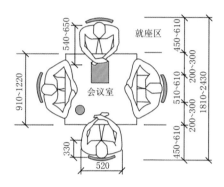

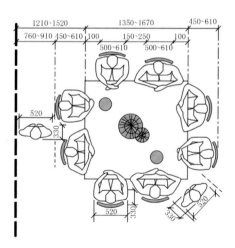

方形会议桌

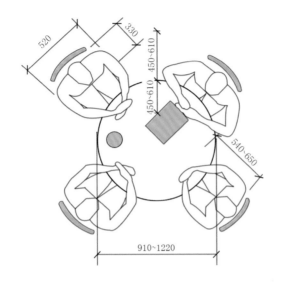

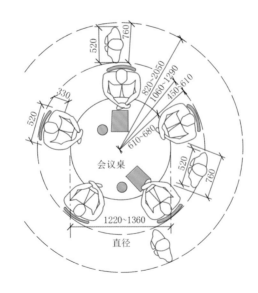

圆形会议桌

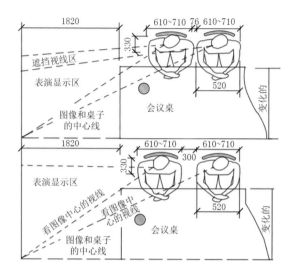

试听会议桌布置与视线

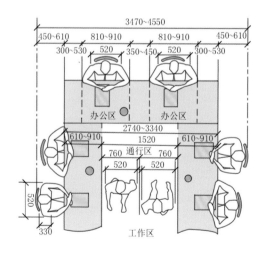

会议桌 U 形布置

① 矩形会议桌的长度（2~8人）4800mm，（9~18人）8400mm，（19~32人）10200mm；
② 矩形会议桌的宽度（2~8人）4200mm，（9~18人）4800mm，（19~32人）7200mm。

① 圆形会议桌的直径（4人）910~1220mm；
② 会议桌边缘到会议椅的距离最好预留出450~610mm用来摆放会议椅。

① 圆形会议桌的直径（多人）1220~1320mm；
② 圆桌附近至少要留出 760mm 的距离供人通过。

❹ 会议椅

　　会议椅往往与公司重大事件相联系，如商务洽谈或公司内部决策等，是代表公司形象的地方，因此会议椅扮演的角色尤其重要。

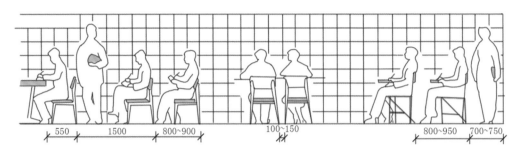

根据人的动态尺寸推算人必要的活动空间和交往通行的尺寸

① 两个会议椅之间应保持 100~330mm 的距离；

② 会议椅的宽度在 520mm 左右。

❺ 资料储存家具

　　资料储存家具是办公空间所需的用于储存文件资料的家具，这类家具可以购买，也可以现场制作，不论哪一种方式都应考虑满足合理的存储量和取放方便等方面的要求，并在此前提下尽量节省空间。资料柜、架的尺度应根据人体尺度、推拉角度等人体工程学的要求来设计，或者根据空间的布局来选择规格合适的成品家具。

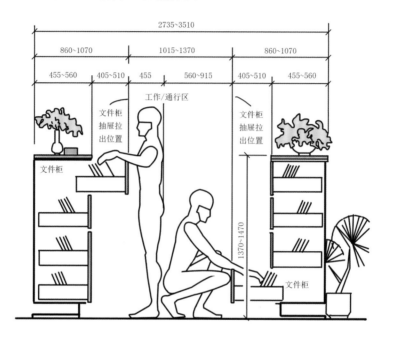

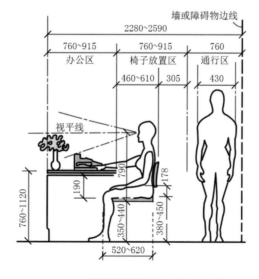

资料储存家具与人体尺寸关系

①资料柜与办公桌之间最好保留 1220~1420mm 的距离;

②资料柜的高度最好在 1430~1630mm,方便拿取;

③资料柜的深度一般在 500~710mm。

第三章
小型办公空间的环境设计

办公空间环境的设计越来越重要，特别是针对小型办公空间而言，合理化地进行照明设计，可以节能减耗；正确的色彩运用，可以改变视觉效果；良好的隔声设计，可以提高工作效率。因此掌握小型办公环境的设计是必要的。

第一节
照明设计

一、办公照明的标准

办公空间的室内照明应该是能长时间进行公务活动的明式照明，它既要考虑相关工作面的照明要求，又要创造一个美观、舒适的室内视觉环境。良好的照明设计需要符合相关的标准，才能既满足人的舒适感，又能营造良好的工作环境。

① 合理的照度水平

照度：是指被照物体单位面积上光通量值，单位是 lx，它是决定被照物体明亮程度的间接指标。

在进行照明设计时首先应该参照《民用建筑照明设计标准》的照度标准，但推荐的照度标准具有一定的幅度，因此取值时应按实际情况慎重考虑。

在确定照度时，不仅要考虑视力方面的需求，对心理方面的需要程度也必须考虑。比如通常读书之类的视觉工作需要 500lx，而事实上为了进一步减轻眼睛的疲劳就需要 1000~2000lx。因此在条件允许的范围内最好提高照度标准。同时，适当增加室内的照度也会使空间产生开敞明亮的感觉，有助于提高工作效率，提升企业形象。（见表 13）

民用建筑照明设计标准

表 13

类别	参考平面及高度	照度标准值（lx）		
		低	中	高
办公室 报告厅 会议室 接待室 陈列室 营业厅	0.75m 水平面	100	150	200
有视觉显示屏的作业	工作台水平面	150	200	300
设计室 绘图室 打字室	实际工作面	200	300	500
装订 复印 晒图 档案室	0.75m 水平面	75	100	150
值班室	0.75m 水平面	50	75	100
门厅	地面	30	50	75

* 有视觉显示屏的作业，屏幕上的垂直面照度不应大于 150 lx。

❷ 适宜的亮度分布

小型办公空间的照明设计要注意适当的亮度分布，合理的使用亮度分布之间的变化，可以避免视觉疲劳或实用功能上的不便利。（见表 14、表 15）

资料储存家具与人体尺寸关系   表 14

所处场合情况	亮度比推荐值
工作对象与周围之间（例如书与桌子之间）	3：1
工作对象与离开它的表面之间（例如书与地面或墙面之间）	5：1
照明器或窗与其附近之间	10：1
在普通的视野内	30：1

相对于工作面照度的周围环境照度（单位：lx）   表 15

工作面照度	工作区周边环境照度	工作面照度	工作区周边环境照度
≥ 750	500	300	200
500	300	≤ 200	与工作面的照度相同

对于中大型的办公空间而言，照明的设计往往是均匀而有规律的，但小型办公空间不需要如此高的照明要求，以免增加耗电量，造成浪费。因此在设计时，可以提倡混合照明的方式，在保持一定照度的顶部照明基础上，增加局部、小区域的工作面照明。

▲吊线灯保证了一定照度的顶部照明

❸ 避免产生眩光

眩光：视野内出现过高亮度或过大的亮度对比所造成的视觉不适或视力减低的现象。

办公空间是进行视觉作业的场所，所以要注意眩光的问题，眩光产生一般是由于光源表面亮度过高，光源与背景间的亮度对比过大，灯具的安装位置不对等。如何避免眩光的产生，有以下几种办法。

•选择灯具时，尽量降低灯具发光表面的亮度。如果灯具光源会被空间中的使用者直视，一般选择半透明亚光材料灯具对光源亮度进行弱化。

▲选择半透明亚光灯具，防止人直视灯具时对人眼造成伤害

• 通过视角设计，调整光源角度，以避开人们的正常视线。

▲将灯带藏于板材下方，既突出造型也避免直射人眼

• 通过灯具利用角度对发光光源进行遮挡，如格栅灯的原理。

▲格栅灯的照明，避免产生眩光

• 为了降低反射眩光，在环境中尽量避免较大的照度差异。如玻璃展柜外光线较强，最好在玻璃柜内也要补光，弥补内外照度的差异，否则极易产生反射眩光。

▲全玻璃空间内外照度基本相同

● 照明器安装得越高，产生眩光的可能性就越小。（见表 16）

一般照明器最低悬挂高度

表 16

照明器的形式	漫射罩	灯泡	保护角	最低悬挂高度（m）			
				灯泡功率（W）			
				≤ 100	150~200	300~500	> 500
带反射罩的集照型灯具	—	透明	10°~30°	2.5	3.0	3.5	4.0
		磨砂	> 30°	2.0	2.5	3.0	3.5
			10°~90°	2.0	2.5	3.0	3.5
	在 0°~90° 区域内为磨砂玻璃	任意	< 20°	2.5	3.0	3.5	4.0
			> 20°	2.0	2.5	3.0	3.5
	在 0°~90° 区域内为乳白玻璃	任意	≤ 20°	2.0	2.5	3.0	3.5
			> 20°	2.0	2.0	2.5	3.0
带反射罩的泛照型灯具	—	透明	任意	4.0	4.5	5.0	6.0
带漫射罩的灯具	在 0°~90° 区域内为乳白玻璃	任意	任意	2.0	2.5	3.0	3.5
	在 40°~90° 区域内为乳白玻璃	透明	任意	2.5	3.0	3.5	4.0
	在 60°~90° 区域内为乳白玻璃	任意	任意	3.0	3.0	3.5	4.0
	在 60°~90° 区域内为乳白玻璃	任意	任意	3.0	3.5	4.0	4.5
裸灯	—	磨砂	任意	3.5	4.0	4.5	6.0

• 由于大部分室内环境采用顶棚照明，所以顶棚本身的处理对解决眩光问题很重要。一般顶棚本身亮度要控制在 140cd/m^2，顶棚面积越大，越会增加眩光的可能性。并且，顶、墙、地的色彩深浅搭配也会影响视觉的舒适性。如地、墙皆深，顶部亮，视觉上就会不舒服。

▲用平板灯对办公区进行照明

▲用轨道射灯均匀照明避免产生眩光

自然采光对小型办公空间的环境影响

在对空间的室内照明进行设计前，要先考虑室内空间原有的自然采光。办公空间通常采用窗户来接收光源，有天窗、侧窗，可根据不同的需求进行改变。不同的开窗方式会产生不同的室内效果，从而改变人对环境的感受。

• 侧窗：使得屋子开敞明亮，让人感觉舒爽。不同的窗型给人的体验也会有所差别，如横向窗给人开阔、舒展的感觉，竖向的条窗则有条幅式挂轴之感。

800mm ≤ 窗台高 ≤ 1000mm，通常选择 900mm。

▲竖窗强调空间的高度，从视觉上拉高层高

▲横窗使空间从视觉上看更加开阔

• 落地窗：落地窗窗户低矮，在视觉上没有遮挡，使室内和室外紧密融合。人们可以更全面地看到室外的景色，视野开阔极具震撼力。

200mm ≤ 窗台高 ≤ 450mm。

▲落地窗让视野更加开阔，空间更加明快

• 高侧窗：开设高侧窗有利有弊：一方面它减少了眩光，取得了良好的私密性，给人安定感；另一方面进光量有限，一定程度上隔绝了外界信息，也会带给人闭塞的感觉。窗台高 ≥ 1200mm，一般在卫生间或者楼梯间使用。

▲在中式风格中常喜欢用六边形或圆形的开窗方式

• 天窗：天窗接受的日照时长较长，进光量均匀，让人有新颖之感。透过天窗可以看到蓝天白云，给人身处自然的天然感。

▲在走廊上设计天窗，给单调的走道添加了生动的景象

二、办公照明的布局形式

办公空间的照明设计既要满足基本需求，还要通过良好的布局与规划，利用顶面结构来隐藏管线和设备管道，达到美观与实用并存。

① 基础照明

基础照明：是指大空间内全面、基本的照明。

▲落地窗让视野更加开阔，空间更加明快

▲封闭洽谈区的基础照明

- 优点：保证照度均匀一致，在任何地方光线充足，便于任意布置办公家具和设备。
- 缺点：耗电量大，在能源紧张或预算有限的条件下是不合适的。

❷ 重点照明

　　重点照明：指对特定区域和对象进行的重点投光，以强调某一对象或某一范围的照明形式。

▲对桌面的重点照明

▲对墙面的重点照明

- 优点：在办公桌上台灯能增强工作面照度，相对减少非工作区的照明，达到节能目的。
- 缺点：局部重点投光，容易使空间看起来不够敞亮，缺陷空间不适合过多使用。

❸ 装饰照明

　　装饰照明：为创造视觉上的美感而采取的特殊照明形式。

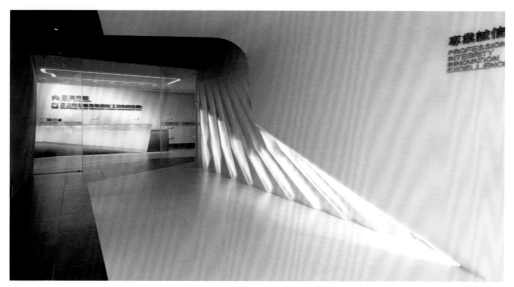

▲运用装饰照明突出墙面的造型，让墙面更有律动感

- 优点：增强人们活动的情调，加强某一被照物的效果，增强空间层次，营造氛围。
- 缺点：实际照明效果较差，并不能作为办公工作的主光源，注意与主光源区分，避免影响。

三、不同区域的照明设计

办公空间存在不同的功能分区，各个功能分区的工作特点并不相同，因此对照明的需求也不是不同的。不同区域的照明设计，既要满足区域特点，又要能达到资源最优化。

❶ 集中办公区的照明设计

最适合的照明设计：顶面有规律安装，灯具样式固定的照明方式。

集中办公区是许多人共用一个大空间，通常以办公家具或隔板分隔成小空间。集中办公区的灵活性比较强，可以通过更换绿植或小的办公家具来保持空间新鲜感。因此，集中办公区的照明设计常常在顶面有规律地安装固定样式灯具，以便在工作面上得到均匀的照度。

▲吊线灯的主要照明和右侧筒灯的局部照明

小贴士

大面积高亮度顶面容易产生沉闷感

解决大面高亮度顶面带来的沉闷感觉，可以通过创造出适当的不均匀的亮度，在保证工作区达到照度标准值外，降低非工作区的照度标准。还可以在保持顶部照明的基础上，增加工作区的局部照明，使台面获得足够的照度。

② 个人办公室的照明设计

最适合的照明设计：有明确针对性，照明质量较高的照明方式。

个人办公室通常为管理人员单独办公而设立，因此对于顶部照明的亮度要求不高，更多的是用来烘托一定的艺术效果或氛围。需要对工作面进行重点投光，以达到一定的照度要求。空间的其他部分，可以利用装饰照明来处理。整体的照明设计以办公桌的具体位置而定，最好采用较高照明质量和造型的灯具来进行设计。

若是遇到挑高较低的空间，可以利用立灯，且灯罩上下都有开口，让光源可以往上及往下照射，会让天花板有高度拉长、放大空间的效果。

▲管理人员办公室对桌面进行重点照明，对背景墙进行装饰照明，使墙面更加生动

▲ 对桌面重点照明的同时对装饰画和柜体进行装饰照明，让装饰画和柜体更加立体

❸ 会议室的照明设计

最适合的照明设计：以会议桌为中心，照度有变化的照明方式。

会议室主要以讨论、商谈为主，照明的设计除了要使会议桌面达到照度标准以外，还要保证参会者的面部也要有足够的照度。整个会议空间的照度应该富有变化，通常以会议桌为中心，进行照明的艺术处理。

▲以会议室桌为中心进行艺术照明，丰富空间

❹ 门厅、入口的照明设计

最适合的照明设计：提高主要墙面照度，充分发挥艺术表现力的照明方式。

门厅、入口是给人最初印象的重要场所，要想充分展示公司的企业文化和业务特征，除了依靠空间各界面的材料装修，还应该充分发挥照明的艺术表现力来增强展示效果。门厅和入口的照明设计要适当提高主要墙面和行人面部的垂直面照度，要充分利用装饰照明的艺术手法。门厅和入口如果有大量的自然光入射的情况，可以结合自然光确定白天应该进行人工照明的场所和对象，这样可以降低预算开支，又不影响门厅和入口的特点展现。

▲在门厅入口处，除了基础照明的筒灯外，还有具有设计感的吊灯在补光的同时丰富空间的造型，背景墙上暗藏灯带对墙体均匀打光

小贴士

利用灯光进行设计放大空间

门厅和入口建议要让背景墙均匀着光，例如打上全区域都均匀的光线，才会放大空间，最好墙壁还配合漆上浅色色彩，如白色或浅蓝色及灰色等，有放大空间的效果。

节能环保的照明秘笈

❶ 充分利用天然光，合理选择电气控制开关

• 房间的采光系数或采光窗的面积比应符合《建筑采光设计标准》，同时充分利用室内受光面的反射性，能有效地提高光的利用率，如白色墙面的反射系数可达70%~80%，能起到节能的作用；

• 在电气控制上也宜充分利用自然光，光线强时，可以关掉靠窗的一部分灯具；

• 技术、经济条件允许的情况下，采用各种导光装置，将天然光导入室内，或将太阳能作为照明电源，有利于节能。

❷ 选择符合环境功能的节能光源

• 照明设计时，应尽量减少白炽灯的使用量。一般情况下，室内外照明不应采用普通白炽灯。但不能完全取消，这是因为白炽灯没有电磁干扰，便于调节，适合频繁开关，对于要求瞬时启动和连续调光的场所、防止电磁干扰要求严格的场所及照明时间较短的场所是可以选用的；

• 荧光灯是目前应用最广泛、用量最大的气体放电光源。它具有机构简单、光效高、发光柔和、寿命长等优点，是首选的高效节能光源。

❸ 选择符合规范要求的节能灯具

既要合理选用高效光源，同时也要选用高效灯具。灯具的选用应符合下列规定：

• 荧光灯：开敞式灯具效率不宜低于 0.75，装有遮光格栅的不宜低于 0.6；

• 高强度气体放电灯：开敞式灯具效率不宜低于 0.75，装有遮光格栅的不宜低于 0.6。

❹ 选择合理的照明控制方式

• 采用多种科学合理的照明控制方式可以有效地利用天然光及提供供电系统的节能效率；

• 公共建筑和工业建筑的照明，宜采用智能集中控制，并按建筑使用条件和天然采光状况采取分区、分组控制；

• 每个照明开关所控光源不宜太多，每个房间的开关数不宜少于 2 个（只设置一个光源的除外）。

第二节
隔声设计

一、办公空间噪声的来源

    现在办公条件越来越好，各种办公设备也应有尽有，但这些设备也会带来噪声。办公室噪声主要来源于电脑主机、传真机、冷气暖气的送风声，此外还有室外交通等噪声。单独来看，这些噪声音量并不大但多种声音组合起来对人体会产生没有规律的刺激。

具体而言，办公空间产生噪声的方面可以分为五个部分：

1	2	3	4	5
办公空间内部互相传输产生的噪声	办公空间外部环境传入的噪声	空调、净化器等通风设备产生的噪声	办公空间电器设备运作时输出的噪声	设备的振动所造成的建筑构件发出的噪声

    生活在嘈杂的环境中，除听力丧失外，还会对健康产生其他影响。电脑较多、面积不大的办公场所噪声污染最为严重，一般人在 40 分贝左右的声音下可保持正常的反应和注意力，但在 50 分贝以上的声音环境中工作，时间长了，就会出现听力下降、情绪烦躁，甚至神经衰弱现象。

二、小型办公空间隔声技巧

小型办公空间由于空间的限制，并不能完全做到将噪声源与办公区分离，在设计时除了采取良好的隔声材料，也可以对通过对噪声记性阻挡或掩盖，以此来达到隔声的目的。

❶ 整体布局中控制噪声，防止交叉干扰

在办公空间的总体规划中，降低噪声最直接的办法就是尽量使噪声源远离办公区域。但对于面积有限的小型办公空间而言，许多噪声源不得不设置在空间内部并邻近办公场地，那么此时可以在设备间与办公间之间设立足够的隔声带，减少噪声对办公间的影响。

办公室设计的一些特定场所，如讨论厅、会议室等，不仅要求自身室内不受干扰，也要尽可能避免在使用中对周边空间产生噪声干扰。针对这类空间，在室内设计中应对空间内壁较大面积使用吸音材料进行装饰，并加强隔墙的厚度来提高隔声的质量。另外，利用增设走廊或紧靠辅助房间来提高隔声能力和质量。

▲为了避免办公室之间的相互声音干扰，空间分割的隔墙应完全封闭至楼层隔板底部，并应采取隔声性能好的材料作隔墙，或采用隔声工艺进行隔墙安装施工

② 提高建筑围护结构的隔声能力

目前，城市噪声对办公空间的影响是最主要的，在一般情况下，建筑墙体的隔声量已足够了，室外环境噪声主要是通过窗户传入的，尤其是当开窗通风时噪声随之而入。

要减少外部噪声的传入，小型办公空间装修设计中可考虑采取双层窗户设置，以及自然通风和机械换气双系统通风方案，噪声高峰时关闭窗户，启动机械换气通风设备。在处于交通干线、工厂等附近的高噪声环境中，在满足采光的情况下可对临近噪声的空间进行封闭。

▲通过双层窗户减少会议室的噪声

❸ 采用特殊材料吸声降噪

　　使用带有吸声效果的办公家具和材料，除了能达到吸声降噪的效果，还充分满足小型办公空间的特征，弥补办公空间不足而造成的无法隔离噪声源的难题。

沙发

布椅

地毯

布艺软装

布艺软装的吸声效果使非常明显的，比如窗帘、沙发、布椅、地毯等，在空间有限的情况下，可以多铺设地毯或多使用布艺家具来吸收噪声，降低噪声

木质办公桌

木质经理桌

木质办公家具

木质办公家具，比如办公桌、茶几、会议桌等，可以选择木质纤维板，因为木质家具的纤维多孔性使它能够吸收噪声

磨砂玻璃　　雕刻玻璃　　压花玻璃

隔声玻璃

小型办公空间为了是空间看起来更敞亮，会选择玻璃作为隔断材料，使用隔声玻璃可以弱化和衰减声音的传播，又能分隔空间

墙壁粉饰

光滑的墙壁往往没有粗糙的墙壁隔声效果好，所以可以选择贴壁纸、矿棉吸音板玻璃棉、泡沫塑料等材料来降低噪声强度，或者尽量把墙面做得凸凹不平，减少噪声反射

壁纸

吸声板

第三节
色彩设计

一、色彩的视觉效果

色彩可以引起人们各种的情感联想，因此在小型办公空间设计时可以利用色彩给人带来的视觉效果的不同，营造不同的氛围。

❶ 冷色

冷色：能够给人清凉感觉的颜色　代表色彩：蓝绿、蓝、蓝紫

冷色给人坚实、强硬的感受。不建议将大面积的暗沉冷色放在顶面或墙面上，容易使人感觉压抑，可以以点缀的方式来使用。

▲蓝色墙面使整个空间的气氛变得冷静、平和

❷ 暖色

暖色：可以给人温暖感觉的颜色　代表色彩：红紫、红、红橙、橙、黄橙、黄、黄绿

暖色给人柔和、柔软的感受。若大面积地使用高纯度的暖色，容易影响人的情绪，使人感觉刺激、激动，可小面积点缀或降低其明度或纯度。

▲暖橙色的接洽室，给访客一种温暖的感觉

▲橙色的装饰品以及色彩偏暖的装饰画点缀独立办公室，给人亲近、温暖的感受

❸ 中性色

中性色：既不让人感觉温暖也不让人感觉冷的颜色。代表色彩：紫色、绿色

绿色在作为主色时，能够塑造出惬意、舒适的自然感，紫色高雅且具有女性特点。

▲低明度的绿色作为样品展示的背景色显得十分低调，更能衬托展示样品

二、色彩与空间的作用

色彩不仅可以让单调的空间变得更有氛围，还能够对在建筑结构上有缺陷的小型办公空间进行调和。利用不同色相给人的感觉，通过改变它们的明度和纯度进行相应的调整，除了可以让小型办公空间比实际面积看起来更宽敞或更丰满外，还能够调节空间的宽度、长度和高度。

❶ 色彩与空间调整

色彩能调整空间的大小和高矮，即便是同一个房间，仅仅是改变了家具或界面材料的颜色，都可以使空间显得更加宽敞或者更加狭小。

（1）膨胀色和收缩色

能够使物体看起来比本身要大的色彩就是膨胀色，高纯度、高明度的暖色都属于膨胀色；收缩色指使物体体积或面积看起来比本身大小有收缩感的色彩，低纯度、低明度的冷色相属于此类色彩。在大空间中使用膨胀色，能使空间更充实一些；相反，空间较窄小时，可以使用收缩色，使空间有较宽敞的感觉。

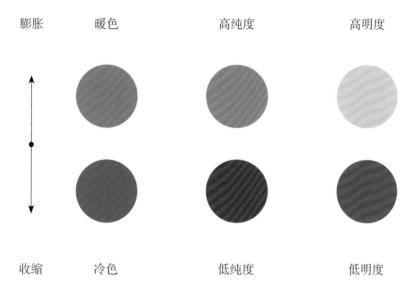

（2）前进色和后退色

纯度高、明度低、暖色相的色彩看上去有向前的感觉，称为前进色；低纯度、高明度的冷色相具有后退的感觉，可称为后退色。如果空间空旷，可使用前进色处理；如果空间狭窄，可采用后退色处理。

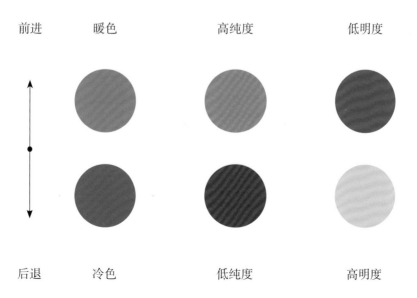

（3）重色和轻色

有些色彩让人感觉重量很重，有下沉感，可称为重色；使人感觉轻、具有上升感的色彩，可称为轻色。同纯度同明度的情况下，暖色较轻，冷色较重。空间过高时，顶面可采用重色，地板采用轻色；空间较低时，顶面可采用轻色，地板采用重色。

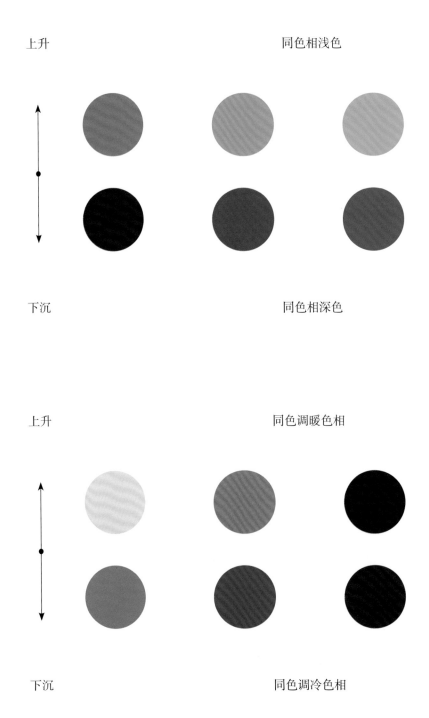

❷ 色彩与光线的调和

（1）空间色彩与自然光照

　　不同朝向的空间，会有不同的自然光照情况。可利用色彩的反射率使光照情况得到适当的改善。朝东的空间，上、下午光线变化不大，与光照相对的墙面宜采用吸光率高的色彩，而背光墙则采用反射率高的颜色；朝西的空间光照变化更强，其色彩策略与东面空间相同，另外可采用冷色配色来应对下午过强的日照；朝北的空间常显得阴暗，可采用明度较高的暖色。朝南的空间曝光较为明亮，以采用中性色或冷色相为宜。

▲高明度的色彩反射能力强，能提高室内亮度

▲低明度的色彩反射能力弱，能减弱室内亮度

（2）空间色彩与人工照明

色温是表示光源光色的尺度，单位为 K。通常，人眼所见光线是由七种色光的光谱叠加组成，但其中有些光线偏蓝，有些则偏红。越是偏暖色的光线，色温就越低，能够营造柔和、温馨的氛围；越是偏冷的光线，色温就越高，能够传达出清爽、明亮的感觉。

室内的人工照明主要依靠白炽灯和荧光灯两种光源。这两种光源对室内的配色会产生不同的影响，白炽灯的色温较低，偏暖，具有稳重、温馨的感觉；荧光灯的色温较高，偏冷，具有清新、爽快的感觉。

▲色温超过 6000 K 为高色温，高色温的光色偏蓝，给人清冷的感觉，当采用高色温光源照明时，物体有冷的感觉

▲色温在 3500 K 以下为低色温，低色温的红光成分较多，多给人温暖、健康、舒适的感觉，当采用低色温光源照明时，物体有暖的感觉

❸ 色彩与空间材质的作用

色彩能调整空间的大小和高矮，即便是同一个房间，仅仅是改变了家具或界面材料的颜色，都可以使空间显得更加宽敞或者更加狭小。

（1）自然材质和人工材质

室内常见材质按照制作工艺可以分为自然材质和人工材质。自然材质例如木头、藤、麻等色彩较细腻、丰富，单一材料就有较丰富的层次感，多为朴素、淡雅的色彩，但缺乏艳丽的色彩；人工材质例如陶瓷、玻璃、金属等，色彩更鲜艳且可选择的范围广，但层次感单薄。

淡雅的自然材质　　　　　　　　　　　鲜艳的人工材质

▲空间中有木材、石材等自然材质，色彩沉着素雅，与颜色艳丽的人工草皮相结合，兼具两类材质的色彩优点

（2）暖材料和冷材料

织物、皮毛材料具有保温的效果，比起玻璃、金属等材料，使人感觉温暖，为暖材料。即使是冷色，当以暖材质呈现出来时，清凉的感觉也会有所降低；玻璃、金属等给人冰冷的感觉，为冷材料，即使是暖色相附着在冷材料上时，也会让人觉得有些冷感。例如，同为红色的玻璃和木头，前者就会比后者感觉冷硬一些。

小贴士

木头、藤等材料为中性材料

木材、藤材的冷暖特征不明显，给人的感觉比较中性，所以为中性材料。在中性材料构成的空间里，即便色调偏冷，也不会有丝毫寒冷的感觉。

（3）光滑度差异带来色彩变化

　　室内材质的表面存在着不同的粗糙度，这种差异会使色彩产生微妙的变化。以白色为例，光滑的表面会提高明度，而粗糙的表面会降低其明度。同一种石材，抛光后的色彩呈现明确，而未抛光的色彩则变得含糊。

▲光亮的地面、墙面，冷质材料的使用使得白色调的办公空间有无比清爽的感觉

▲同是白色材质的顶面漆、纱帘、砖墙等，这些材质有着不同的粗糙度，这种差异使得白色产生了微妙的色彩变化

三、色彩在小型办公空间设计中的运用

小型办公空间由于面积的因素，容易形成局促的印象，除了通过合理的分区和界面设计，也可以通过色彩设计，来改变小型办公空间的固有形象，同时满足视觉与功能需求。

❶ 黑白灰为基调，一两个鲜艳色彩作点缀

以黑白灰为基调，可以让小型办公空间显得协调而统一，增加一两个鲜艳的色彩作点缀，既鲜艳又能突出个性。要注意所选的点缀色，可以是摆设和植物的颜色，也可以是环境和企业形象的代表色。

▲以黑白灰为基调，黄色做点缀，凸显个性

▲以灰色作为主调，在软装上如沙发、地毯上加入部分鲜艳的颜色，让空间不显单调更加丰富

❷ 以自然材料的本色为基调的配色方法

以自然木材或石材的颜色作为空间设计的基调色，可以显得自然而又不突兀，对于面积有限的小型办公空间而言，又有很好的装饰作用。在运用时要注意材料明暗的对比关系，因自然材料色相、纯度和明度一般属中性，所以要注意配以深色或亮色作点缀，可起到点睛的作用。

▲以自然木色和白色做主色，点缀少许黄色和蓝色

▲以石材和木色做主色，加入黑色的玻璃框让空间更显沉稳

❸ 利用色彩轻重调整房高

当办公空间的房高比较低矮时，可以将轻色放在顶面或墙面上、重色放在地面上，使色彩的轻重从上而下，用上升和下坠的对比关系，从视觉上产生延伸的感觉，使空间的高度得以提升；反之若房高特别高，则可在顶面使用较重的色彩，而地面使用较轻的色彩来避免空旷感。

▲深色地面和浅色顶面，从视觉上增高空间的高度

▲深色顶面和浅色地面可以避免空间的空旷感

❹ 运用后退色和收缩色放大空间

小型办公空间中，可以在短距离部分的墙面上使用后退色，从视觉上使空间更宽敞，若同时搭配收缩色的办公家具，则显得更宽敞。例如用浅蓝色涂刷墙面，搭配深棕色的办公沙发，就可以减弱拥挤感。

▲用蓝色的顶面和深棕色的座椅减弱空间的拥挤感

▲在办公的墙面用低纯度高明度的绿色，从视觉上显得空间更宽敞

第四章
小型办公空间的界面设计

空间的界面设计实际就是选择空间界面，即地面、墙面和顶棚的界面处理方式。如何将小型办公空间的界面设计与已有的空间设计进行有机结合，优化原有空间，改善小型办公空间的局限性，并且达到整体协调统一的艺术效果，是设计师把握设计总体效果不可忽略的重要一环。

一、各界面功能特点

通过了解各界面的功能特点，有助于对小型办公空间的各个界面进行合理和有针对性的设计。

1	2	3
地面 地面要具有耐磨、耐腐蚀、防滑、防潮、防水、防静电、隔声、吸声、易清洁等功能。	**墙面** 墙面要具有遮挡视线，较高的隔声、吸声、保暖、隔热等功能特点。	**顶面** 顶面要具有质轻，光反射率高，较高的隔声、吸声、保暖、隔热等功能特点。

二、小型办公空间的界面设计要求

小型办公空间由于面积的因素，容易形成局促的印象，除了通过合理的分区和界面设计，也可以通过色彩设计，来改变小型办公空间的固有形象，同时满足视觉与功能需求。

① 安全性原则

对于办公空间这类公共空间，材料的安全性尤为重要，在选用材料时我们要对其防火等级、耐久性等有一定的要求。考虑其使用期限后，尽量使用经久耐用的材料。尽量使用不燃或难燃性材料，避免使用燃烧时释放大量浓烟和有毒气体。近年来人们对环保和绿色理念的关注，办公空间设计装修施工过程中装饰材料的环保问题受到大量关注，材料是否环保，辐射材质的应用是否适宜，这都需要我们在选择材料时格外注意。

▲运用环保、浅色的木材做地面，深色木材做墙面的设计

② 满足功能需求

在小型办公空间的不同功能空间中对界面材料的功能需求也不尽相同，如有些私密性较强的会议室或接待空间，一般都会在墙面、地面或顶面使用具有隔声吸声功能的材料；在有特定需求的实验室等区域要注意多使用隔热保温功能的材料等。

▲一般在会议空间内都会在墙面上做烤漆玻璃，来方便领导等在上面用笔进行一些讲解和讨论

❸ 安全性原则

对于办公空间这类公共空间来讲，材料的安全性尤为重要，在选用材料时我们要对其防火等级、耐久性等有一定的要求。考虑其使用期限后，尽量使用经久耐用的材料。尽量使用不燃或难燃性材料，避免使用燃烧时释放大量浓烟和有毒气体。近年来人们对环保和绿色理念的关注，办公空间设计装修施工过程中装饰材料的环保问题受到大量关注，材料是否环保、辐射材质的应用是否适宜等等，都需要在选择材料时格外注意。

❹ 装饰效果

在选用材料时，材料所呈现出的色彩、纹理等视觉特点都是选择的依据，根据设计师想呈现的空间氛围来选择不同的材料，如有些办公空间为了突出稳重、大气的感觉，在材料上应用黑色的墙面、红色条纹的地面材料来凸显空间的氛围。

▲在门厅位置，颜色较深、明度较低的木色背景墙增加空间的进深，反射较强、明度较高的橙色墙面扩大空间，让人一进入就有震撼的感觉

❺ 经济需求

经济性是办公空间设计中十分重要的原则，针对同一个方案，10万元可以进行装修，100万元同样也可以进行装修。真正高级有质感的设计也并不是高级材料的堆砌，"合适"才是最好的。有针对性地选择材料，不同价格的材料有不同的效果，可以根据功能空间的不同决定造价的高低，从而决定空间内界面材料的选择。如接待、大厅这类对外展示空间，可以在顶面或者地面上运用造价较高的石材来彰显公司的大气；而仓库等这类仅有储藏作用的空间，甚至可以只做简单的刷白处理，来减少不必要的金钱浪费。

▲在门厅的地面、前台等位置运用石材，彰显公司的大气

三、小型办公空间的界面设计原则

遵循设计原则可以让整个小型办公空间的设计实现在统一中富有变化，在变化中又是一个统一的整体，营造良好的环境和氛围。

❶ 统一的风格

办公空间的各界面处理必须在统一的风格下进行，这是室内空间界面装饰设计中的一个最基本原则。如果各个界面的处理风格相差过大，会让小型办公空间显得更加拥挤，简单的纯色界面反而能使空间显得更加宽敞明亮。

▲空间界面以白色为主，用木质的家具和黑色的座椅修饰空间

❷ 与室内气氛相一致

办公空间内不同的功能空间有不同的空间特性和环境气氛的要求。在空间界面设计时，应对使用空间的气氛作充分的了解，以便做出合适的处理。

▲白色的墙面和顶面配上灰色的地面，表现沉稳的同时也可以减少黑色办公家具带来的沉闷感

❸ 避免过分突出

办公空间的界面在处理上切忌过分突出，做出像展厅等商业空间内夸张又复杂的界面，这样会喧宾夺主，影响整体效果。因为室内空间界面始终是室内环境的背景，是对办公空间家具和陈设起烘托和陪衬作用，所以，办公空间界面处理，必须始终坚持以简洁、明快、淡雅为主。

▲空间内部家具比较繁多，平整简单的顶面和沉稳的木地板都让空间更加大气，减少了拥挤感

界面材料选择

一、界面材料的选用要求

随着装饰材料、工艺的不断完善,在界面材料及工艺等方面的设计难度也在不断降低。合理地选择材料及方式处理包裹空间的界面,就是环境样式设计的本质。因此,界面材料的选择也就显得尤为重要了。

❶ 适应办公空间的功能性质

办公空间的室内环境应根据企业性质体现出与其相符的氛围,因此在选择装饰材料时,应注意其色彩、质地、光泽、纹理与空间环境相适应。

▲环保节能公司的办公空间墙面以木材为主,地面以石材为主,突出企业的性质

❷ 适应空间界面的相应部位

　　不同的空间界面，相应的对装饰材料的物理性能、化学性能、视觉效果等的要求也各不相同，因此需要选用不同的装饰材料。例如，对于开敞空间，并没有那么强调隔声，所以可以在顶面上放低要求做裸顶，用喷黑色乳胶漆的方式对顶面做简单处理；而独立办公室则一般对隔声等要求较高，都会在顶面做吊顶从而达到隔声的效果；在开敞办公区的墙面一般而言功能需求较小，所以墙面的处理较为简单，通常刷白色乳胶漆；而在会议室这类需要讨论会议的区域则需要在一面墙上做烤漆玻璃等。

▲喷黑的顶面点缀少许红色的管道和水泥质感的墙面和地面相搭配，从视觉上减弱空间的高度

❸ 符合更新、时尚的发展需要

　　现代室内设计是在不断变化的，具有动态发展的特点，办公空间的环境在设计装修后并不是永久不变的，而是根据人员、功能等公司的功能需求或美观需求的变化而不断更新，追求时尚，以环保、新颖美观的装饰材料来取代旧的装饰材料。

　　办公空间界面装饰材料的选用，要注意"精心设计、巧于用材、优材精用、一般材质新用"。另外，装修标准有高低，即使是装修标准高的室内空间，也不应是高档材料的堆砌。

▲用绿植墙来装饰背景墙，体现环保的理念

二、界面材料的调和作用

界面材料在空间中的运用是多种多样的，不仅能够表达设计风格，体现空间质感，还能通过材料的色彩或质感上的对比和调整对小型办公空间起到改善作用。在视觉上增大空间的进深并减少小型办公空间的拥挤感。材料的调和作用主要体现在空间感方面。

❶ 扩大空间

（1）合理运用镜面材料

小型办公空间往往会因为功能等的需求而不得不将部分功能空间进行压缩使用，这就显得空间较为饱满，可是这样的空间容易让员工感觉到压抑和不适。这时，设计师喜爱用一些镜面材料通过反射来扩大空间感，让工作人员在办公空间中感觉更加舒适，减轻局促感。

▲在入口处使用镜面，有扩大空间的效果

▲非镜面但是反射大的材料也可用于开敞办公区

（2）善于使用软性材料

在小型办公空间中可以多选择质感柔和的软性材料。所谓柔和质感的装修材料，指的是壁纸、硬包、软包、地毯之类的软性材料，大多应用于墙面装饰或者地面。摒弃了金属、砖等硬性材料带来的单一、坚硬的感觉，弱化了空间的棱角，有扩大空间的效果。或者是用软性材料的质感做的摆件，往往一件并不起眼的材料，可以淡化空间的层次感，让小空间显得更开阔。

▲硬包座位柔化了棱角分明的茶水间，艳丽的黄色也给茶水间增添了活力

▲柔和的壁纸材料让空间更加开阔

❷ 营造办公氛围

（1）通过材料的质地、色彩营造氛围

材质在空间中主要通过其材料的质地和色彩来营造氛围。材料质地的粗细、有无纹理、软硬是影响心理的主要因素。质地粗糙的材料性格粗放、粗犷有力，给人一种朴实、稳健、庄重的空间氛围；材料表面细腻光滑，显得精细、柔美又华贵，氛围倾向于欢乐与轻快；中间质感的材料，是前两者的中间状态，虽然性格中庸，但创造的空间层次更加丰富，也更加耐人寻味。

▲质地粗糙的木饰面和地毯营造了稳重的会议气氛

▲光滑的木地板和墙面让独立办公室显得更加精致

（2）材料的自身色彩设计与造色设计

材料的色彩一般分为两类：一是材料本身所具有的自然色彩，在施工中不需进行再加工，常见的有纺织面料、天然石材、面砖、玻璃、金属材料及制品等，设计师应充分发挥其色彩特点，根据具体环境进行最佳的选择和应用。这类材料常见的有梨木、柚木等板材，在小型办公空间中经常采用浅淡色调的材质创造一种明朗、宁静、轻松的氛围，迎合人们向往开阔透气空间的心理需要；另一类是根据装饰环境的需要，在施工过程中进行人为的造色处理，即经过调节或改变材料的本色，使材料达到与装饰环境色彩相和谐的特殊效果，如对具有特殊纹理的砖墙或木材通过刷漆等方式调节其色彩使空间的色调统一。

▲用天然灰色的砖块累加做墙面材料，粗糙的质感与空间中的家具相统一，加强了整体的设计风格

▲对砖墙进行二次加工，刷上白漆，创造宁静、轻松的氛围

第三节
优化空间的界面设计

一、顶面优化设计

顶面不像地面与墙面那样与人的关系非常直接，但它具有位置高、不受遮挡、透视感强、引人注目的特点，是室内空间中最富于变化和引人注意的界面。

❶ 顶面装饰设计要求

（1）注意顶面造型的轻快感

办公空间要有一种舒适、宁静的气氛，轻快感是办公空间顶面装饰设计的基本要求，所以从形式、色彩、质地、明暗等方面都应充分考虑该原则。

▲简单又富于变化的顶面

（2）满足结构和安全要求

在顶面的装饰设计中除了使用频率较高的常规材质，还有一些设计为迎合公司的理念或整体的设计风格，会在顶面上运用一些特殊材料，所以在顶面设计时应保证装饰部分结构与构造处理的合理性和可靠性，以确保使用的安全，避免意外事故的发生。

▲木构架上装饰假树叶，既丰富空间也可安全使用

（3）满足设备布置的要求

办公空间顶面上的各种设备布置集中，中央空调、消防系统、强弱电错综复杂，设计时必须综合考虑，妥善处理。同时，还应协调好通风口、烟感器、自动喷淋器、扬声器等与顶面的关系。

▲裸顶也是一种设计手法，节省材料的同时减少小型办公空间层高的局限性

❷ 常见的办公空间的顶面形式

（1）平整式顶面

平整式顶面的特点是顶面为一个较大的平面或曲面。在材料方面，这个平面可以是原建筑承重结构用喷涂、粉刷、壁纸等装饰后的下表面，也可以是轻钢龙骨纸面石膏板、矿棉吸声板、铝扣板等材料做成的吊顶。根据不同空间的功能需求来决定吊顶的材质。在艺术感上，平整式顶面构造简单，外观简洁大方，主要通过色彩、质感、分格以及灯具等各种设备的配置的运用手法来表达空间，是一种常见的办公空间顶面形式。

▲简洁大方的顶面可以减弱线条繁多的家具带来的拥挤感

（2）悬挂式顶面

悬挂式顶面就是在空间原有的承重结构下面悬挂各种折板、格栅或饰物。办公空间采用这种顶面形式除了满足照明要求外，也为了追求某种特殊的装饰效果，例如在开敞办公区里对局部区域的限定等。悬挂物的种类很多，可以是金属、木质、织物，又或者是钢板网格栅等。悬挂式顶面使吊顶层次更加丰富，取得较好的视觉效果。

▲用织物做成悬挂式吊顶，让顶面层次更加丰富

（3）分层式顶面

小型办公空间中，在层高足够的情况下可以做成高低不同的层次，即为分层式顶面。在低一级的高差处常用暗灯槽，在避免眩光的同时取得柔和均匀的光线，让空间的氛围更加轻快、大方。

分层式顶面的特点是简洁大方，与灯具、通风口的结合更自然。在设计这种顶面时，要特别注意不同层次间的高度差，以及每个层次的形状与空间的形状之间的协调性。

▲分层式顶面的形状与地面铺装相呼应，使空间更加协调统一

（4）玻璃顶面

在小型办公空间中，这种玻璃顶面的形式多用于Loft或是公寓式的办公空间里，让整体空间更加通透，也使小型空间更具空间感，有扩大空间的效果。玻璃顶面由于受到阳光直射，容易使室内产生眩光和大量辐射热，且一般玻璃易碎又容易砸伤人。因此，可视实际情况采用钢化玻璃、有机玻璃、磨砂玻璃、夹钢丝玻璃等。

▲使用部分玻璃顶，顶面采光好也不容易产生眩光和辐射热

（5）金属顶面

在现代小型办公空间中，还常用金属板或钢板网作顶面的面层。金属板有一定的反射却没有镜面反射得那么清晰，金属板在反射出地面，连接墙面和顶面的同时，却也不会让空间像镜面的效果一样显得有些不安定感或过于反光。金属板主要有铝合金板、不锈钢板、镀锌铁皮、彩色薄钢板等。可以根据设计需要在钢板网上涂刷各种颜色的油漆，可根据需要在不锈钢板上打圆孔，这种形式的顶面视觉效果丰富，颇具时代感。

▲钢板做顶面造型延伸到墙面，从视觉上延伸空间的高度

二、地面优化设计

办公空间的地面设计首先必须保证坚固耐久和使用的可靠性；其次，应满足耐磨、耐腐蚀、防滑、防潮、防水，甚至防静电等基本要求，并能与整体空间融为一体，为之增色。

① 地面装饰设计的要求

进行办公空间的地面装饰设计时，应考虑办公空间的特性，如常有人走动的人流对办公人员的影响；计算机等用电设备对办公空间电线设置的影响。因此，在设计中要考虑到走步时减少噪声，管线铺设与电话、计算机等的连接问题。不同类型的办公空间可以针对需求进行地面设计，办公建筑的管线设置方式与建筑及室内环境关系密切，因此设计时也应与有关专业工种相互配合、协调。

如智能型办公空间或管线铺设要求较高的办公室，应于水泥地面上设架空木地板或抗静电地板，使管线的铺设、维修和调整均较方便（设置架空木地板后的室内净高也相应降低，高度应不低于 2400mm）；普通办公空间可在水泥粉光地面上铺优质塑胶类地毡，或水泥地面上铺实木地板，也可以铺橡胶底的地毯以便扁平的电缆线设置于地毯下。

▲塑胶类地毯效果突出又耐磨损

❷ 地面装饰设计的常见类型

（1）天然石材或陶瓷地砖

材料类别		特　点	常用位置
天然石材	花岗岩	硬度较高，适合做地面材料	办公空间中多用于门厅、楼梯、外通道等地方，以提高装修档次
	大理石	硬度低，但花纹漂亮，可作地面的拼花图案	
	青石板	硬度较高，可与大理石组合做地面材料	
陶瓷地砖	通体砖	表面不施釉的陶瓷砖，质地坚硬、耐磨，正面带有压印的红花色纹理	常用于厅堂、过道、卫生间和室外走道等
	抛光砖	是通体砖的一种，表面光亮、外观光洁、质地坚硬、耐磨，通过渗花技术可制成仿石、仿木的效果	
	玻化砖	比抛光砖更硬、更耐磨，是所有瓷砖中最硬的一种，有天然石材的质感，吸水率低、色差少、色彩丰富	
	仿古砖	形式古朴典雅，具有拼花效果，视觉上有凹凸不平感，有很好的防滑性	

▲在大厅入口采用陶瓷地砖，简洁大气

（2）木地板

木地板通常包括实木地板、实木复合地板、强化复合地板和竹木复合地板。

材料类别	特 点	常用位置
实木地板	图案为天然原木纹理，给人以自然、柔和、富有亲和力的质感	多用于高档和周围环境干净的办公室，因其吸潮和不易产生静电的好处，也常被用于计算机和高级设备室的地面
实木复合地板	干缩湿胀率小，具有较好的尺寸稳定性，并保留了实木地板的自然木纹和舒适的脚感	
强化复合地板	强度高、规格统一、耐磨系数高、防腐、防蛀而且装饰效果好，易打理	
竹木复合地板	外观自然清新、韧性强、有弹性，同时结实耐用，脚感好，冬暖夏凉	

▲在独立办公室中通常喜欢以木地板为主在沙发区铺地毯的形式做地面

（3）塑胶地板

塑胶地板是由人造合成树脂加入适量填料、颜料与麻布复合而成。国内塑胶地板主要有两种：一种为聚氯乙烯块材（PVC）另外一种为氯化聚乙烯卷材（CPE）。

材料类别	特 点	常用位置
聚氯乙烯块材（PVC）	环保、质轻、成本低，有独特的装饰效果，且脚感舒适、质地柔韧、噪声小、易清洗	除了相同的优点外。它们共同的缺点：不太耐磨，所以一般只适用于人员走动不多，或使用期限短的地面
氯化聚乙烯卷材（CPE）	有独特的装饰效果且脚感舒适、质地柔韧、噪声小、易清洗，耐磨性和延伸率都优于PVC	

▲多种不同形状和颜色的塑胶地板进行拼贴，丰富空间

（4）涂布地面

涂布材料，主要是用合成树脂代替水泥或部分代替水泥，再加入填料颜料等混合调制而成的材料，需要在现场涂布施工，硬化以后可形成一种整体无接缝的地面。常用的涂布地面有环氧树脂涂布地面、聚氨酯涂塑地面等。

这种地面的突出特点是整体性好、便于清洁、更新方便、价格适宜、易于施工等。涂布施工本用于工业厂房等地面，但现代办公空间的设计有时为追求一种高技感、工业感，常常对地面采取这种施工手法，以追求一种新奇的效果。

▲采用无缝的涂布地面增强空间的整体性

三、墙面优化设计

室内墙面和人的视线垂直而处于最明显的位置，内容与形式更加复杂和多姿多彩，对室内装饰效果有决定性的影响。小型办公空间的墙面设计是一个宽泛的概念，归纳起来主要表现在门、窗、壁等方面。

❶ 门的设计

门除了具有常规的防盗、遮隔和开关空间的作用之外，在办公空间中还有其他功能。

（1）入口大门

防盗性要求很高，但因属门面，是"面子"的主体，故常常宁可通过保安值班或电子监视，而使用通透堂皇的大门。

● 常用形式：（除了个别特殊行业外）大部分都采用落地玻璃，或至少是有通透的玻璃窗的大门。

● 作用：让路人看到里面门厅的豪华装修和企业形象，起到一定的广告宣传作用。如果希望加强其防盗性，可在外加通花的金属门。

▲玻璃门入口，通透中显露着大气

（2）室内间隔门

办公空间里室内间隔的门也是设计应重点考虑的方面，原因是现代办公空间的窗户多以玻璃幕墙形式出现，剩余的墙面被文件柜所占据。所以，立面的房间门往往会成为装饰重点。

- 常用形式：单门、双门、通透式、全闭式、推开式、推拉式、旋转式等。
- 作用：按普通办公室、领导办公室和使用功能、人流量的不同而设计不同的规格和形式，使空间分区更加明确。

▲在两办公室中间具有从地面到顶面通高的玻璃墙面和旋转门

在整个办公空间中也许会出现多种形式的门，但其造型和用色应有一个基调，再进行变化，要在塑造单位整体形象的主调下，进行变化和统一。

❷ 窗的设计

现代办公空间内墙面可供装饰的部位不多，一组或一个造型独特的窗户，会对整个室内环境的构成有重要的作用。在窗户设计中，应注意以下几点。

• 结合小型办公空间的艺术表现风格，设计有特色的窗帘盒、窗合板，甚至是整个内窗套；

• 选用与室内风格相匹配的窗帘。窗帘在材料和造型的选择上要符合办公空间的场所特点；

• 利用窗台的内外，放置盆栽植物，既利于植物生长，又使室内环境颇具生态气息。

▲在窗台内放置绿植，柔和空间

❸ 壁的设计

在办公空间中，窗户面积很大，加上资料柜往往占据大部分的墙壁，再加上有些墙壁上还要考虑在上面挂图表、图片、样品等，为了使视觉上不会显的小型办公空间过于拥挤，在设计时，常常会刻意留下一些墙壁空间，即所谓的留白。

（1）实墙

为了安全和隔声需要而做的实墙结构，材料常采用轻钢龙骨纸面石膏板或轻质砖。

● 设计要点：在小型办公空间中实墙结构可以在不影响采光的情况下，少量使用，与其他方式的墙壁进行组合使用，会让空间看起来更加灵活，且不显拥挤。

优 点	缺 点
安全且隔声效果很好，一般多用于管理层办公室、接待室、会议室这类需要私密性的办公空间	易遮挡光线，造成办公空间采光出现问题，装修风格易偏向于暗淡呆板。运用不得当则会使空间看起来拥挤且压抑

▲在实墙上开出圆形的窗，将中式风格体现出来

（2）玻璃墙

整体或局部镶嵌玻璃的墙壁，有落地式玻璃墙壁、半段式玻璃间壁、局部式落地玻璃间壁。

• 常用形式：针对有私密性需求的部门，可在玻璃上进行贴膜或是采用磨砂玻璃、雾化玻璃等多种手法，使玻璃墙壁兼具通透性和私密性。

优 点	缺 点
一是领导可对各部门一目了然，便于管理，各部门之间也便于相互监督与协调工作；二是可以使同样的空间在视觉上显得更宽敞	玻璃墙壁不可轻易恢复，受质地限制易破损，不精心设计会显得俗气

▲落地式全透明玻璃隔断可进行移动

▲雾化玻璃隔断根据需要可选择开启雾化或关闭

（3）壁柜隔墙

用壁柜作间隔墙时的柜背板，主要功能是存放资料，此外还要注意隔声和防盗的要求。

• 设计要点：一是要弄清公司存放文件与物品的规格与重量及其存放的形式；二是常用的文件和物品需要一目了然，对外展示的文件和物品，要在壁柜上做专门的展示层格，或根据需要做展示照明；三是要重视壁柜的造型与形式，壁柜的门是构成环境气氛的重要因素，一组造型美观、色彩优雅的柜门，会给空间与环境增色不少。

优 点	缺 点
既可以增加储放空间，又可以使室内空间更加简洁	通常要使用大量的板材和胶、漆类产品，因此环保方面很难保证。也可以使用金属等其他材料来保证环保

▲用壁柜作间隔墙，增加储放空间

第五章
小型办公空间的装饰设计

在小型办公空间中容易受到种种实际条件的限制而无法运用大面积的位置进行创意设计。此时，设计师便可以在装饰上进行发挥来表达空间，强化空间的风格，营造空间氛围。因此，装饰设计也是小型办公空间设计中不可缺少的。

绿化装饰设计

一、绿化的作用

在当前城市环境日益恶化的情况下，人们对改善城市生态环境，崇尚大自然、返璞归真的强烈愿望和要求已经十分迫切。通过室内绿化改善城市环境是最有效的手段之一，而且一个生机盎然的室内空间不但能减轻员工的工作压力，还能提高工作效率。因此，现代办公空间越来越重视绿化设计。

❶ 组织室内空间

室内绿化经过适当的组合与处理，在组织空间、丰富空间层次方面能起到相当积极的作用。

（1）引导空间

植物在室内环境中通常显得比较"跳"，所以能引人注目。因此，在室内空间的组织上常用植物作为空间过渡的引导，将绿化用于不同功能空间的转化点，具有极好的引导和暗示作用。它有利于积极地组织人流，导向主要活动空间和出入口。

▲不同功能空间之间的过渡，引导人流

（2）限定空间

室内绿化对空间的限定有别于隔墙、家具、隔断等，它具有更大的灵活性。被限定的各部分空间既能保证一定的独立性，又不失整体空间的开敞完整，非常适合现在的开敞式办公空间模式。

▲用绿植阻隔视线也保证了空间的通透性

（3）沟通空间

用植物作为室内外空间的联系，将室外植物延伸至室内，使内部空间兼有外部自然界的要素，有利于空间的过渡，并能使这种过渡自然流畅，扩大了室内的空间感。

▲玻璃房外的植物与房内的植物相联系，沟通了室内外空间

（4）填补空间

在室内空间组织中，当完成基本的物质要素布置时，往往会发现有些空间还缺点什么，这时，绿化是最理想的补缺品。可以根据空间的大小选择合适的植物。除了完美构图外，绿化还增添了不少活力和生机，这是其他东西无法替代的。所以当室内出现一些死角和无法利用的空间时，可利用绿化来解决问题。

▲在空间死角的绿植给办公空间增添活力

▲绿植使水泥灰的工作区多了生机感

② 净化空气和改善环境

室内绿化植物的有效布置,可以通过植物本身的生态特性,起到调节室温、净化空气、减少噪声的作用。植物通过光合作用,可以吸收二氧化碳,释放氧气,净化空气。叶片吸热和水分蒸发,对室内环境能起到降温、保湿功能。同时植物具有良好的吸声性,它能降低室内噪声,使室内环境更加安静,而靠近门、窗布置绿化带能有效减轻室外噪声的影响。

▲办公空间内无处不在的绿植可以净化空气保持空间湿度

▲靠近门的绿化带可以减轻噪声传入

❸ 美化空间和陶冶情操

由于现代工作与生活的快节奏，人们精神压力增大，疏远了自然环境，因此把树木、花草、流水等引入室内，能让人们舒缓每天的工作疲劳和工作压力。室内绿化可以是视觉神经得到放松，减少对眼睛的刺激，并且使大脑皮层得到休息，有助于放松精神和消除疲劳。

植物本身就带有自然优美的造型、丰富的色彩，显示出生机勃勃的生命力，能给办公室带来一股清新、愉快、自然的氛围。室内绿化把大自然的美景引入室内，对人们的性情、爱好都有潜移默化的作用。

▲在办公桌上的绿化，既有遮挡又有缓解疲劳的作用

二、小型办公空间绿化配置要求

小型办公空间的绿化配置并不是随心布置就可以的，想要其发挥最大的功效，就要先了解办公绿化的选择。

① 植物的选择

办公空间的植物选择，首先要注意的是室内的光照条件，这对永久性植物尤为重要，因为光照是植物生长的最重要条件。室内的湿度和温度也是选用植物必须考虑的因素。因此，季节性不明显、在室内易成活的植物是室内绿化的必要条件。除了要了解植物的特性，避免选用高耗氧、有毒性的植物以外，最好根据空间的大小尺度和装饰风格，从品种、形态、色泽等几方面来综合选择植物。

▲形态优美、装饰性强，与空间的整体风格相协调

▲种类不同、高度不同的绿植可以在同一位置组合使用

② 植物的主要品种

常年观赏植物	主要包括文竹、仙人掌、万年青、宝石花、石莲花、雪松、罗汉松、苏铁、棕竹、凤凰竹等	
春夏季花卉植物	有吊兰、报春花、金盏花、海棠花、茉莉花、木槿、金丝桃、香石竹、蓝天竹、锦葵、龙舌兰等	
秋冬季花卉植物	主要有金柑、佛手柑、冬青、天竺葵、菊花、朱蕉、芙蓉花等	

三、小型办公空间绿化的应用

不同于大型的办公空间绿化的设计可以有更多的空间，小型办公空间绿化的设计不仅要融入空间之中，带来美好的氛围感受，还要能不占用过多的空间，节约空间。

① 在不同功能空间之间使用较高的植物分割空间或引导人流

在小型办公空间中，开放式办公的面积要比独立办公室多很多，在开敞办公区通过选用生长较高的绿植或者用加高盆栽底座的方式分割空间，同时也要注意绿植的占地面积不要过多，而且常青植物能为小型办公空间增添色彩和活力。例如在办公区与休息区之间可以用竹子这类常青且较高的绿植起分隔的作用，使两个空间能相对独立。

同时，小型办公空间大门的入口、楼梯进出口、走道尽端等地方，既是交通的要害和关节点，也是空间的塑造点，是必须引起注意的位置，因此这些空间较小的地方可以通过放置发财树这类具有形态特点的较大的盆栽，起到强化空间、引导空间的作用。

▲利用绿色植物充当窗帘，阻挡过强的光线

▲门厅处的绿植不仅起到分隔作用，还有引导访客行进路线的作用

② 利用植物的生长通过通透的界面联系室内外空间

联系室内外空间的方法是很多的，如通过铺装由室外延伸到室内，或利用墙面、吊顶的延伸，也都可以起到联系的作用。但是相比之下，都没有利用绿化更鲜明、更自然，并且更加节约空间。通常会选用爬墙虎或者竹子这类生长较快或者可以长得较高的绿植放置于靠近界面的位置，通透的界面会让室内外的植物更显连续性，强化室内外空间的联系和统一，视觉上也可以扩大小型办公空间的观感。

对于植物的放置方式，可以采用室内外种植同种植物透过通透的界面达到室内外空间连续的效果，也可以取消界面通过室外空间植物生长进室内或是室内植物生长至室外的方式让空间真正的连续，起到过渡空间的效果，也可以界面采用镜面、植物紧靠界面的方式来达到扩大空间以及凸显空间连续性的作用。

▲墙面的绿化设计与露天顶面结合，似乎将室外的景色与室内的绿植结合，给人一种开阔、生动的美感

❸ 多元化绿化点缀空间，丰富空间的同时营造良好的工作氛围

在绿化设计时，也要注意植物的尺寸、数量和组合方式。小型办公空间不像面积较大的办公空间，能够带来宽敞、舒适的办公环境，由于面积的局限性，可能会给人压抑的感觉，这时候可以通过一些小型的绿化设计，例如办公桌面上的小型盆栽，舒缓空间的紧张感，给空间注入绿色的活力。同时植物的呼吸作用，也能让室内的空气变得更加清新，这对于小面积的办公空间而言非常的有用。

在小型办公空间的适当位置可以选择不同绿植进行搭配，不同作用的绿植采用的尺寸也不同。例如起遮挡作用的可以采用类似仙人掌、文竹等常青植物之间进行搭配使用；在桌面上调节空间气氛作用的可以采用类似绿萝这种常青小型植物统一摆放使用。摆放时要保证空间层次分明，同时不给原本拥挤的小型办公空间增加负担。

▲小型盆栽绿植装点桌面空间，柔化硬朗办公区表情

▲多样绿植之间组合装饰空间，让空间层次分明更加丰富

第二节
软装饰设计

一、软装饰的种类和作用

办公空间和住宅空间一样，也需要软装摆件进行装饰。这样不仅可以使空间看上去没有那么的硬朗，柔化空间表情，而且也能给工作人员打造轻松、愉快的上班环境。

① 软装饰的种类

对于注重功能和需求的办公空间来说，软装在办公空间能够发挥的余地并没有那么多，在空间中出现次数最多的是家具，但由于办公家具本身种类的局限性和小型办公空间大小的局限性，办公家具在同类空间中一般都是统一的，形式太多反而会影响整个空间，所以起到的装饰作用并没有那么大。而灯饰亦是如此，在办公空间中主要是使用艺术感不强的平板灯、筒灯或射灯等，主要目的是为了保证照明，装饰的目的则较为次要。

因此，在办公空间的软装设计中，最常用并对空间装饰作用较大的主要是布艺、装饰画壁饰和工艺摆件。

（1）布艺

在办公空间中，见到最多的布艺软装就是窗帘和地毯，有些办公空间可能还会有抱枕等出现，而对于小型办公空间而言，布艺的存在不仅仅是装饰空间的作用，它还可以有如下不同的作用。

首先具备划分区域的作用，如在一个大开间中，除了使用隔墙对空间分区，也可以使用地毯来划分出不同的功能区域，这对于小型的办公空间而言，绝对是节约空间的好选择。也可以通过窗帘或者布帘等方式来分割空间，可以通过开关对窗帘等进行开合的设置，更加灵活地利用小型办公空间，减轻空间的局限性，保证小型办公空间满足各项功能活动都能够顺利进行。

▲地毯不仅可以降低噪声，还可以用来区分两个不同的功能空间

▲用带有马图案的可收放布帘将办公空间一分为二，灵活使用空间的同时又可以装饰空间

其次，具备调节空间缺陷的作用。例如，窗帘、地毯、墙布等织物类软装饰的图案能够对空间整体的装饰效果产生影响。在同一个空间中，我们能够发现，即使是同样色彩组合的软装饰，选择竖条纹或横条纹、大花或碎花，对空间产生的影响也是不同的。

● 小图案扩展空间：小图案的窗帘、地毯等织物，具有后退感，视觉上更具纵深，相比大图案来说，能够使空间看起来更开阔，尤其是选择高明度、冷色系的小图案，能最大限度地扩大空间感。

▲小图案地毯特别适合用在面积感觉非常拥挤的空间内，能够彰显宽敞感

● 竖向花纹调节宽度：竖向条纹的图案强调垂直方向的趋势，能够从视觉上使人感觉竖向的拉伸，从而调节空间整体的比例，但它的作用与图案方向是相反的。

● 横向花纹调节高度：横向条纹的图案强调水平方向的扩张，能够从视觉上使人感觉墙面长度增加，但同时也会让房间看起来比实际矮一些，所以横向花纹更适合高度很高比例上不舒适的房间，能够通过使用横向花纹的窗帘、地毯等，减低竖向的高度，这种作用在立面上要更显著一些。

▲小图案的墙布让墙面具有后退感，视觉上使空间更加开阔

▲当窗或房间宽度较短时，就非常适合使用竖条纹的大面积织物进行调节

▲横向花纹的墙面可以从视觉上降低过高层面

（2）装饰画

装饰画具有很强的装饰作用，由于办公空间的墙面空白会比较多，所以为了避免单调感，可以利用装饰画进行点缀，既可以美化办公环境，激励员工，又可以给办公空间带来艺术气息。通常应设在一些较宽敞并且人多的地方，如门厅、接待室等，以装饰环境和有利于体现企业形象为目标。目前，办公空间较流行抽象的、韵律感强的装饰墙画，优点是装饰性强，内容意义上可以一目了然地感受。在装饰画的选用方面，可以从空间风格、空间面积、空间色调，以及画框来入手。

▲抽象且具有丰富色彩的墙画，让空间更加饱满

▲左侧具有韵律感的抽象壁画给以纯色为主的空间增加了造型，让空间不再显得单调

● 根据装饰风格选画：中式风格适合选择中国风强烈的装饰画，如水墨、工笔等风格的画作；现代简约风格的选择范围比较灵活，抽象画、概念画或未来题材、科技题材等都可以。

▲在中式风格中选用水墨画来装饰空间

● 根据墙面面积选画：在选择装饰画的时候，首先要考虑的是所悬挂墙面位置的空间大小。空间比较局促的时候，当悬挂面积较小的装饰画，这样不仅不会产生压迫感，同时墙面适当留白更能突出整体的美感。此外，还要注意装饰画的整体形状和墙面搭配，一般来说，狭长的墙面适合挂放狭长、多幅组合或小幅的画，方形的墙面适合挂放横幅、方形或小幅画。

▲多幅组合画在狭长的墙面上，减少了单调感

● 根据整体色调选画：装饰画的作用是调节办公气氛，主要受到空间的主体色调的影响。从空间色调来看，大致分为白色、暖色调和冷色调。白色为主的空间如开敞办公区，选择装饰画没有太多的忌讳，可以根据整体空间风格来进行选择；但是暖色调和冷色调为主的空间就需要选择相反色调的装饰画。

▲根据整体空间的中式风格选择了中式常用的荷花为元素的装饰画

● 画框颜色与材质的选择：画框是装饰画和墙面的分割地带，合适的画框能让欣赏者的目光恰好落入画框设定好的范围内，不受周围环境影响。一般来说，木质画框适合水墨国画，造型复杂的画框适用于厚重的油画，现代画选择直线条的简单画框。在颜色选择上，如果想要营造沉静典雅的氛围，画框与画面使用同类色；如果想要产生跳跃的强烈对比，则使用互补色。

▲为保持统一，根据窗框、踢脚线选定黑色木质的画框

（3）壁饰

在小型办公空间中，通常会选择降低装壁饰的高度，让它们处于人体站立时视线的水平位置之下，既能丰富空间情调，又能减少视觉障碍。壁饰可用于几乎所有空间。以不同的形式，如花架、壁灯、电话台等活跃于多个空间，提高环境装饰的格调。壁饰秉承"少就是多"的设计概念，用局部的"单调"来对比出整体的精彩，以此来达到让小型办公空间产生由小变大的视觉效果。在壁饰的选用方面，可以从造型、规格两方面入手。

▲简单造型的壁灯可以让通行空间从视觉上更加宽敞

● 选择壁饰的造型：可由设计师针对特殊空间进行设计，也可以选择成品。根据不同的办公空间装修风格，壁饰的选择也不尽相同。要求壁饰在特定的室内环境中，既能与室内的整体装饰风格、文化氛围谐调统一，又能与室内已有的其他物品，在材质、肌理、色彩、形态的某些方面，显现适度对比的距离感。一般而言，对这种距离感的把握，不应使壁饰在室内整体关系中，产生一种生硬、孤立的印象，而应使壁饰与环境构成积极补充和相互衬托的关系，起到"画龙点睛"的作用。

▲树形壁饰及其在背景墙上的倒影让前台更加生动，并与具有流动感的顶面相呼应

●选择壁饰的规格：壁饰在空间中所占的位置可大可小，既可以占据整面墙做有韵律的简约造型，也可以选择壁灯这类较小的壁饰来点缀空间，根据空间的性质和大小来进行选择。如在狭窄通行空间适合用贴合空间风格的小型壁灯来点缀；在前台或是接待会客区的墙壁上可以做大型的艺术感较强的壁饰来装点空间；在开敞的办公区则可以做一些挂在墙壁上的绿植架来丰富空间，让办公区域不显得那么单调。

▲在较空的楼梯侧面墙壁上做趣味性的富有韵律感的大面积壁饰来装点空间

▲用简单的三个攀爬的小人形象来表达公司不断奋斗的精神

（4）工艺摆件

工艺饰品体积虽小，但能起到画龙点睛的作用。在办公空间中起到了渲染氛围、丰富空间和调节色彩的作用。办公空间有了工艺饰品的点缀，能呈现更完整的风格和效果。在工艺摆件的选用方面，主要可以从规格和造型两方面入手。

●选择工艺饰品规格：一般来说，选择工艺饰品的大小和高度和空间成正比，工艺饰品规格越大，所需空间越大。工艺饰品与室内空间的比例要恰当，工艺饰品太大，会使空间显得拥挤，但过小，又会让空间显得空旷，而且小气。

▲休息区的空间并不很大，所以只选择了一个石膏摆件作为装饰，白色与黄色的搭配也呼应了整个空间的配色

• 选择工艺饰品造型：家具造型是确定工艺饰品造型的依据，通常在办公空间中我们会根据前台、办公家具或装饰架等确定工艺饰品的造型。常规搭配有方配方、圆配圆，但如果采用对比的方式效果会更独特，比如圆配方、横配竖、形状复杂配形状简洁等。

▲线条圆润的煤油灯、造型可爱的拼色猫咪摆件、线条平直的杂志书籍，搭配在一起，装饰效果独特

❷ 软装饰的作用

（1）强化设计风格

软装装饰的历史是人类文化发展的缩影，在漫长的历史进程中，不同时期的文化不仅赋予了装饰艺术不同的内容，也造就了软装装饰多姿多彩的艺术特性。将软装装饰放置于办公空间，可以更加凸显空间的设计风格，让人一目了然。

▲线条简单的画、茶几上的创意果盘以及水晶灯饰，都与空间简约风格相吻合，使整个接待室变得极具特点

（2）打造二次空间

把由墙面、地面、顶面围合成的一次空间中划分出的可变的空间称之为二次空间。在室内设计中利用屏风等软装创造出的二次空间不仅使空间的使用功能更趋合理更能为人所用，使室内空间更富层次感，同时也让办公空间更加具有灵活性。

▲利用可移动的木质屏风让办公空间的使用更加灵活

（3）调节环境色彩

室内环境的色彩是室内环境设计的灵魂，室内环境色彩对室内的空间感度、舒适度、环境气氛、使用效率，对人的心理和生理均有很大的影响。因此织物、台灯等软装的介入，无疑使办公空间充满了柔和与生机、亲切和活力。

▲黑色古造型瓷瓶为木色系的会议室增添稳重感

（4）营造室内气氛

气氛即内部空间环境给人的总体印象或感受。合理地选择并运用软装装饰，可以营造良好的气氛，如亲切随和的轻松气氛、深沉凝重的庄严气氛或高雅清新的文化艺术气氛等。

▲将陶瓷工艺饰品与线条简单的新中式家具搭配，营造宁静、舒适的气氛

二、小型办公空间软装饰配备要点

软装饰的类型多种多样，小型办公空间的软装饰在配备的过程中，要注意类别和风格的不同才能更好地装点空间，烘托气氛。

❶ 先定风格再做软装

在室内设计中，最重要的是先确定办公空间的整体风格，然后再用饰品点缀。软装装饰并不是最重要的设计，但一定是最亮眼和出色的设计。

▲确定整体风格是装饰设计的前提

❷ 设计之初有软装规划

小型办公空间的面积有限，所以并不能放置过多数量的软装，因此在装修设计之前就要考虑好后期配饰的问题，这样就能将空间功能与软装结合，从而清楚哪里可以利用软装弥补空间的缺陷。

▲设计之初要先了解公司的企业文化和定位才能更好地选择软装饰

❸ 拿捏合理的比例

　　小型办公空间软装的设计更要注意尺寸和比例的拿捏，尽量使得软装的出现不会给空间增加拥挤的负担，反而可以因为合适的比例、尺寸而为空间增色。

▲大与小、高与矮，合适的比例搭配能带来舒适的视觉观感

④ 稳定与轻巧相结合

　　稳定与轻巧的软装搭配手打在很多地方都适用，小型办公空间也不例外。软装设计的过重的空间会让人觉得压抑，过轻又会让人觉得轻浮，所以在设计时要注意色彩搭配的轻重结合、饰物的形状大小分配协调及整体布局合理完善等问题。

▲注重饰物形状大小的协调性，色彩搭配的合理性

❺ 把握好节奏与韵律

　　节奏和韵律是通过体量大小的区分、空间虚实的交替、构件排列的疏密长短的变化、曲柔刚直的穿插等变化来实现的。在软装设计中虽然可以采用不同的节奏与韵律，但在同一个办公区域内，避免使用两种以上的节奏，减少无所适从、心烦意乱的感觉。

▲茶杯、茶具的疏密摆放，给人一种舒缓放松的感觉

▲中式箱柜上相同的摆件图像中式办公空间中的对称之美

⑥ 确定视觉中心

要想让办公空间能够有不一样的感觉，视觉中心是最重要的。当人们的注意范围内有一个视觉中心点时，空间内其他的缺陷就会被弱化，同时也能为空间带来主次分明的层次美感，而这个视觉中心就是布置上的重点。对某一部分的强调，可以打破全局的单调感，使整个空间变得有朝气，需要注意的是，视觉中心有一个就够了。

▲一盏造型出挑的吊灯往往可以形成空间中的视觉亮点，特别是对于开敞式的空间

三、小型办公空间装饰摆件的运用

装饰摆件在小型办公空间中合理布置，不仅能给员工带来积极向上的感觉，也可以给客户带来较好的第一形象，为双方之后的合作打下好的基础。可以说，装饰摆件在小型办公空间中因为空间的局限性所占面积可能并不会特别的大，但是却在空间中起到了画龙点睛的作用，是必不可缺的。

❶ 注意摆件尺度对空间的影响

装饰摆件的尺寸是多种多样的，而小型办公空间的空间又比较有限，因此在摆件的配置上应考虑到摆件的尺寸与空间之间的协调性。

▲茶几上大小不同的摆件和具有独特造型的落地灯，这些摆件的尺寸与空间之间十分协调，且营造了宁静、舒适的氛围

例如在小型办公空间层高3m 左右的情况下，装饰画面的中心位置距地面 1.5m 左右比较合适，若是装饰画周围还有其他摆件，那么摆件高度和面积不超过画品的 1/3 为宜；筒灯或射灯在办公空间中做辅助照明时间距一般为 1500~2000mm，可以避免空间过亮或者过暗。而且这种多样不同种摆件混合摆放的方式一般出现在醒目的位置，例如转角或者入口等客户一眼就可以看到的位置，可以提升公司的格调，给客户良好的印象。

▲摆件高低错落且没有遮挡住装饰画的主体部分，运用筒灯对装饰画和工艺饰品进行装饰照明，突出立体感

❷ 根据摆件的特征合理布置

装饰摆件的造型、材质、颜色多样，但是不是随便一个就可以配置在小型办公空间上的。一般会结合摆放空间的格调，选择风格相一致，而颜色又形成一些对比的产品，这样搭配出来的效果会让整个空间既统一又有变化。

例如，造型方面，在中式风格的小型办公空间中多运用莲花这类古代文人常常赞颂的东西的造型，与整个空间的风格相合；而在现代风格的办公空间所适用的摆件造型就较为广泛了，包括线条简约、造型复杂，甚至较为风格化的摆件造型都可以运用在里面，丰富整个空间。

▲菩萨的雕刻品和莲花型的吊灯相辅相成，贴合空间的中式风格

　　例如材质方面，木质摆件一般价格比较经济，摆件本身也比较轻巧，而且木质产品会给人一种原始而自然的感觉；陶瓷做工精美，但陶瓷是易碎品，要小心保养；金属制的产品结构坚固，不易变形，而且比较耐磨，但是比较笨重，价格也相对高一些。根据小型办公空间来讲，摆件的材质是和功能空间以及空间氛围相关的。例如在通行不太宽敞的开敞办公区不适宜放陶瓷这类易碎的摆件；在中式风格的空间中则不宜放金属制品的摆件等等。

▲材质相同、形象不同的雕刻高低错落地排布，丰富了空间

　　例如色彩方面，小型办公空间内很少使用大面积、明度较高的颜色，因为这不仅会让原就拥挤的小型办公空间显得更加拥挤，也会影响员工的情绪。所以通常情况下，小型办公空间内的色调比较素雅、深沉，可选择一两件色彩比较艳丽的单品来活跃空间的氛围；小型办公空间中即使是运用了明度较高的颜色，面积也不会过大，选用一些空间中明度较高颜色的摆件也可以达到与空间相辅相成的效果。

▲在以黑白灰为主的空间中，用艳粉色的屏风来装点空间，吸引人的视线

❸ 注意摆件在空间内的构图

不同的装饰摆件可摆放的位置都不尽相同，空间需要的摆件数量也不一样。在对摆件进行摆放时要考虑到空间物体规划的合理性，避免空间内摆件过多或过少的情况出现。

▲在过道中应秉承"少即是多"的原则，有两种摆件作为走廊的装饰刚刚好

在小型办公空间中摆件的数量是宜少不宜多的，若是有集中展示的摆件，可以遵循"局部多放，整体少放"的原则。例如，一些小型的工艺饰品可数量较多地放置于柜体上，可以通过对称平衡或者分类摆放的方式，遵循"前小后大、层次分明"的法则，能够突出每个饰品特色的同时画面也令人舒服，但是数量也不宜过多，否则容易使空间看起来拥挤。装饰画的悬挂高度一般在人视线水平位置往上 150mm 左右的位置，这是最舒适的观赏高度。

▲对摆件进行分类摆放，前后、高低层次分明，能够突出每个饰品的特色

第六章
小型办公空间设计提案

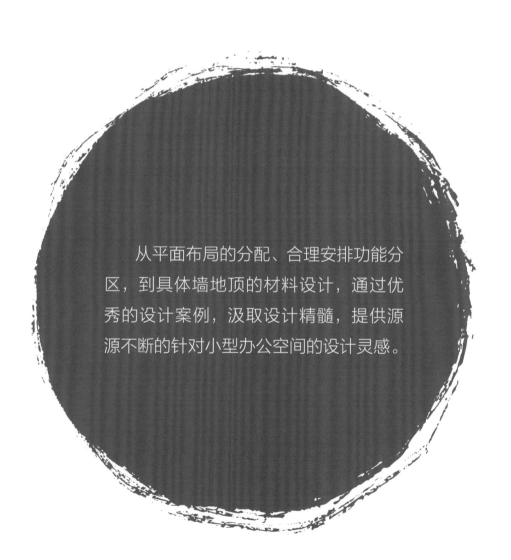

从平面布局的分配、合理安排功能分区，到具体墙地顶的材料设计，通过优秀的设计案例，汲取设计精髓，提供源源不断的针对小型办公空间的设计灵感。

第一节
创新趣味型办公空间

一、木质走道 + 多功能空间的创意办公空间

●建筑面积:170m^2　●办公人数：20~40 人　●装修造价：45 万元

功能分区	界面材料	环境设计
门厅	耐火板	木色调整体
开敞式办公区	木地板	曲线环形工作台
会议室	吸声板	装饰照明设计
洽谈室	乳胶漆	推移式活动隔断
休闲室	木材	

案例说明

　　本案是一间创意工作室，专门为客户制作一些引人注目的视频。这种工作性质意味着经常是夜以继日地工作，因此在这里除了工作还需要吃饭以及休闲放松。因此设计师设计了一个开放式办公空间，里面只有一个单件的家具，八张排列在一起的办公桌随意地划定出了员工和游客之间的空间。整个设计是按照工作流程进行布置，并能够反映出工作生活方式，从工作到休息、吃饭及娱乐。

▲编辑办公区：活动隔断可隔出独立的办公空间

▲写作办公区：环形设计，可以促进大家的交流

▲休闲室：隔断关上就是休闲室，打开就变成办公区的一部分

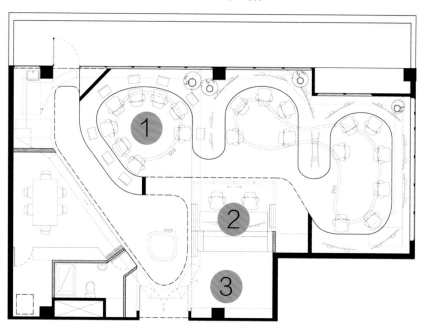

平面图

❶ 门厅

家庭式门厅带来回家般的舒适感

不同于传统而正式的办公门厅形式，采用了家庭式鞋柜 + 展示柜的玄关布置形式，给人一种宾至如归的感觉，上班也不再是痛苦的事情，反而有一种在家里一般的舒适感觉。

❷ 开敞式办公区

办公桌既是空间分隔又是办公设施

办公桌是作为一个组织结构，它拥有所有的功能并存储了所有工作内容。桌面弯曲向上覆盖整个编辑区域，全功能卫生间、服务器机房、会议室和厨房，位于一个高平台上面，在环形工作台前面。这种单一的连接结构可以将所有的电线隐藏起来。由于桌面是一个长的环形形状，因此在设计时就已将所有的电线隐藏在了里面。

❸ 会议室

多功能家具带来空间的无限可能性

可升降的桌面和可移动的桌柜，组合在一起时可以作为多人使用的会议桌，没人使用时，会议室也可以变成任何用途的空间，可以是休闲室，也可以是餐厅，更可以是接待室。多功能的家具赋予办公空间更多的可能性与变化性，也能使工作氛围变得活跃、轻松。

❹ 洽谈区

利用上层空间打造独一无二的洽谈空间

将洽谈区别出心裁地摆上高处，与众不同的访客动线与位置，利用曲线的办公桌进出上层空间，既不会打扰人员工作，也能拥有独立又不封闭的交谈空间。

❺ 休闲室

多功能休闲室将工作与放松联合

休闲室打开后便可成为办公空间的一部分。里面配备了一个可旋转的墙柜，轻轻一按按钮就可以变成休闲娱乐室。

二、螺旋上升的"蓝色盒子"办公空间

●建筑面积:580m^2 ●办公人数：30~50 人 ●装修造价：80 万元

功能分区	界面材料	环境设计
会客区	油漆	蓝色 + 白色
会议室	钢化玻璃	悬挂绿色植物
办公区	工字钢	装饰吊灯
灵活区	混凝土	石膏板隔断
茶水间		
行政办公室		

案例说明

本案设计主要有以下三个方面的特点。

●路径式。因为对使用空间加建的需求，"上"与"下"的竖向交通便成为空间中的首要问题。设计师选择了沿四周墙体螺旋上升这样一条最长的路径作为上下交通，放大的路径丰富了行走过程中的空间体验，也加大了空间体积感；

●场景化。业主团队为影视动画传媒公司，因此场景化的空间体验最能够诠释该公司的特点和企业文化。螺旋上升的路径串联了工作区、会议区、休闲区等一个个不同的办公场景，每个场景功能上独立而在空间上相互连接；

●透明性。多孔"盒子"的植入使得加建后的建筑空间具有了多层次的穿透与流动，由路径串联的每一个独立场景可以通过多孔墙体产生视线上的交叉，从而具有了空间的渗透和现象的透明性。

▲灵活区：颜色鲜艳的座椅和蓝色洞口设计使整个空间不会过于单调

▲会客区：简单的长排沙发就是会客区的全部，简单清爽，又一目了然

▲会议室：蓝色的地面让整个白色空间多了清爽的感觉

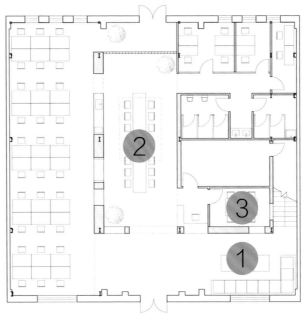

平面图

❶ 门厅

灵活有趣的入门景象

一层空间，从大门进入，映入眼帘的是摆在地上的鲜花，给员工带来一天的好心情。门厅两边线性绿植与室内垂直灯管装饰及墙壁上蓝色线条相互呼应。上下五个层次的错层标高和多孔的墙体，共同创造了一个"人在画中游"的流动空间和视觉体验。

❷ 会客区

长条沙发拉近会客者与接待者之间的距离感

一层会客的沙发靠近玻璃门厅处特地放置的绿植既很好地遮挡了访客的视线，又保护了访客的私密性。雾霾蓝色的长条沙发占据了整个会客空间，但并没有特别多的压抑感，反而可以给会客者亲切感。沙发对面窗台上只放了两盆简单的绿萝，花盆采用了白色，与整体墙壁的颜色统一，不跳脱。

❸ 灵活区

（1）悬挂绿植与悬挂灯泡结合打造闲适的空间氛围

灵活区的营造是作为新型办公空间所必不可少的重要组成，而更加舒适、放松和生活化的体验则成为创意类团队对新型办公空间公共区域的一个重要需求。一层的天井区与二层竖向连接，悬挂的吊灯和绿植烘托出大长桌的休闲氛围，这里也是绝好的汇报讨论、开放会议、头脑风暴以及派对、团建的场所、灵活空间。

（2）隔而不断是保持通透感的秘诀

二层的天井区是公共空间的高潮部分，阳光从天窗洒入，吊挂的绿植从屋顶穿过天井延伸到一层大厅，墙面的一侧是美术、导演组工作区，而另一侧是排练室、会议室和三层阁楼的大办公室，几乎所有的空间都能与这个中心区域产生空间或视线的连通。

❹ 茶水间

不光可以喝水的交流式茶水间

一反传统办公空间中封闭茶水间处理方式，通过放大的岛式茶水间处理，创造员工休息放松的场所以及工作中人与人之间交往的平台。加大的茶水台还可以作为即时小型会议和头脑风暴使用。

三、秘密花园般的联合办公空间

●建筑面积 :384m^2　●办公人数：30~40 人　●装修造价：70 万元

功能分区	界面材料	环境设计
门厅	花砖	鲜艳色彩点缀
办公区	油漆	木板瓷砖拼接设计
会议室	木条	可移动照明设计
交流区	壁纸	钢架玻璃隔断
休闲区	钢化玻璃	

案例说明

　　本案使用了许多的自然元素与材料，这提供了一种独特的室内氛围：轻松、舒适且自然。联合办公空间相比其他地方的工作压力相差甚远。空间色彩丰富多样，为使用者激情的工作提供了理想的空间与条件，以及片刻的平静和减压。对于那些相信创新是需要回归到曾经的社区和文化根源的人来说，这里是一个好的选择。

▲休闲区：使用了色彩图案缤纷的家具和材料，营造出轻快的氛围

▲门厅：前台长桌切合了狭长的入口形状，不会给空间增加负担

▲办公区：办公区以钢架和玻璃作为隔断，使空间的分区更加明确

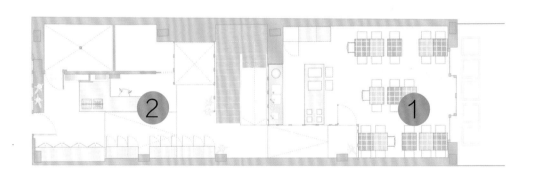

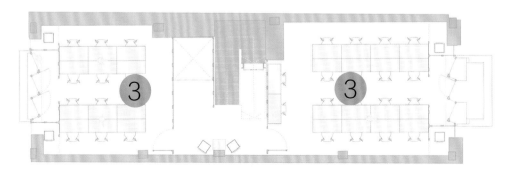

平面图

❶ 门厅

自然亲切的门厅氛围

门厅的布置非常的简单，仅仅以一张实木桌和两把椅子布置而成，但看上去却非常的抢眼，不易忽视。这归功于门厅墙上缤纷各异的收纳柜，看似毫不相干的收纳柜，组合在一起却产生了个性而又美妙的视觉美感，同时又能提供非常强大的收纳力。碎花式的壁纸，一下子将现代感的门厅变得自然而又亲切，给人非常舒服的感觉。

② 办公区

自然与工作紧密结合的活跃式企业

跟传统企业经营理念所不同的是，案例中强调的是自然与工作不再是独立分开的，而是密切融合在一起。透明推拉门和墙面的绿色植物图案使办公空间充满了自然化，更有利于建立组织里人与人之间的信任度，激发出大家无限的创意。

③ 交流区

交流区带来无限的创造力

团队人员可以根据与不同的人选择不同的形式来进行沟通和交流，这样花费心思和办法来为员工营造一个互相交流的办公环境，其目的是为了加快团队内知识传播的速度，从而建立一个学习型的组织。

❹ 会议室

传统会议室形式 + 创意色彩，打造新旧结合的办公环境

不同于传统气氛沉稳或严肃的会议室，而使用了明亮的色彩，整个界面使用了不同形式的设计，从上到下都充满了浓浓的创意感。

❺ 休闲区

（1）丰富多彩的颜色组合营造出生动有趣的休闲空间

在淡雅的粉色基调中，设计师采用了丰富的色彩融合到空间之中，这不但活跃了整个空间，还有利于激发员工的想象力和创造力，同时也体现出了年轻活跃的企业特性。

（2）楼梯平台也可以是休闲区

在两个楼层连接的平台上摆上两把造型可爱、色彩明快的休闲椅，加上一张小巧的实木休闲桌，闲置的空间就能立马变成一块休闲区，想单独一个人或与一两个好友交流，可以选择在这里，不必担心会被打扰。

四、极具创意的小巨蛋办公空间

●建筑面积:160m^2 ●办公人数: 5~10 人 ●装修造价: 45 万元

功能分区	界面材料	环境设计
玄关区	不锈钢	无色系主色调
会议室	实木地板	裸露顶面
总监室	乳胶漆	重点照明设计
休闲区		

案例说明

　　本案是设计师从 10 个破碎的鸡蛋中找到了一个破碎程度最具美感的鸡蛋，并以其为原型设计的办公空间。这间小巨蛋会议室内安装有智能系统，可以在任意时段通过基站将手机、笔记本和电视以无线方式相互连接起来，保证通信畅通有效、信息传输顺利进行。这是一个开放式办公空间，工作者可以在自己喜欢的区域办公。这里也是一个兼具办公与休闲功能的空间，可以在这里阅读、思考或是小憩，看看窗外美丽的风景。在明媚阳光的照射下，窗边的肉质植物看起来更加光鲜亮丽。午后，可以到这里冲泡一杯咖啡或是吃点香甜可口的水果。

▲会议室：具有破碎美感的鸡蛋造型，视觉效果突出

▲样品展示区：根据色环的顺序对色彩缤纷的布料进行排列，形成了一种独特的色彩感受

▲总监室：硕大的实木办公桌，使办公空间得到无限延伸

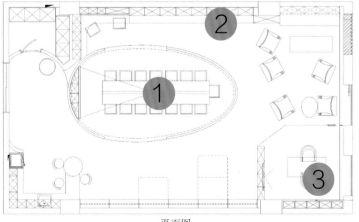

平面图

❶ 玄关区

圆形的小吧台为玄关提供休息区

玄关的入口处便是办公室的茶水间，设计得十分时尚，员工们可以在这里煮咖啡，或者几个人聚在这里沟通交流。这时圆形的吧台就发挥了作用，方便人们的使用。

❷ 会议室

（1）破碎的鸡蛋激发出的灵感

在这样一个酷似破碎的鸡蛋形成的半封闭会议室内，留有左、右两个入口，方便人们从不同的方向进入。会议室的一头设计成黑漆不锈钢，增添了视觉通透性，使整个空间无论从哪一个位置看过去，都会收获良好的视觉效果。

（2）俏皮的座椅增添空间的趣味性

　　会议室内的座椅没有采用传统的座椅，而是选择了具有简约美感的座椅，多样的座椅色彩丰富了会议室内的视觉变化，使得压抑的会议环境也会变得轻松愉快。

③ 总监室及活动区

米色调的窗帘随时可将总监室独立起来

在活动区与总监室的连接处，从吊顶悬挂下来一条米色调的窗帘，当总监室需要静谧的环境时，窗帘可随着隐藏的轨道将总监室独立起来，使得办公空间可随意地切换不同的姿态。

第二节
多样艺术风格型办公空间

一、绿意盎然的工业风格办公空间

● 建筑面积 :356m^2　● 办公人数：18~25 人　● 装修造价：58 万元

功能分区	界面材料	环境设计
玄关区	洞石	绿色 + 金属色整体色调
会议室	塑胶	绿色塑胶仿生墙面
总监室	银镜	直接照明设计
休闲区	钢化玻璃	玻璃隔断 + 实体墙
	纯白大理石	
	不锈钢	

案例说明

　　虽然是一处 300 多平方米的办公空间，但整体的设计却完全不会带给人紧张工作的办公室氛围。空间整体的设计强调自然气息与工业风的结合，于是便诞生了遍布墙面的绿色塑胶材质，然后利用墙面上银镜的反射作用，将自然气息充满空间的每一处角落，带给每一个员工自然生态的办公环境。在办公室的内部，设有休闲娱乐的桌球，当工作乏累时，可来这里放松娱乐。因此，办公空间的整体设计偏重人文关怀，有别于传统的办公空间设计，力图创造出一处自由、轻松的新型办公室。

▲大堂：通透的钢化玻璃隔墙，实现空间的隐性分隔

▲公共办公区：白色大理石台面制成的办公桌，方便每一个人的办公

▲独立办公室：黑色的塑胶地毯与外部空间的复合地板区别明显

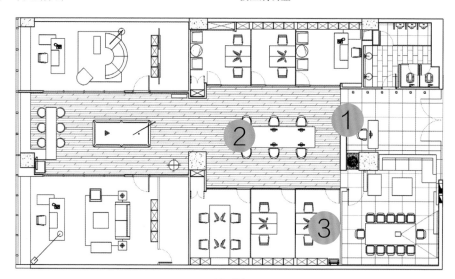

平面图

❶ 大堂

洞石的地面砖及吧台设计，彰显空间的档次

吧台的设计采用了天然的洞石，地面则是仿洞石的瓷砖。这样设计的好处在于，洞石的沉稳色调可以综合绿色的塑胶墙面，使得空间既具备沉稳感，又充满盎然的自然气息。

❷ 公共办公区

（1）白色的大理石桌面提升办公空间的明亮度

公共办公区的地面地板、墙面的绿色塑胶材质、不做处理水泥顶面等色彩普遍偏于暗色调，使得办公区带给人一种压抑感，但办公桌面采用了白色的大理石台面，综合了空间内的色调，使空间变得明亮起来。

（2）具有较高反射的材料有扩大空间的效果

在进入公共办公区的过道中，其墙面、顶面皆采用灰色的具有镜面反射的材料，反射能力很强，但灰色的质感让其反射在墙面的射灯等光源不会产生眩光，对人眼有一定的保护作用，且灰色另反射出来的空间有一定的模糊作用，不像镜子一样过于清晰，让人对空间界线的感知更加明确。

❸ 独立办公室

（1）灰黑色的塑胶地毯将办公室独立起来

钢化玻璃的隔墙很难带给人明显的区域分隔，这时利用灰黑色地毯与复合地板的色彩差异，将办公室与公共办公区明显的区别出来，通过采用色调变化，使人清晰地感知到两处空间的不同。

（2）格子形式的墙面定制柜丰富了独立办公室的同时增添了趣味性

为避免独立办公室的墙面会过于单调，通过封口与不封口有序的排列设计，将定制柜设计得具有韵律感，给空间增加美感，丰富了单一的独立办公室。

❹ 会议室

绿色的塑胶材质吊顶带来浓郁的自然气息

会议室的设计亮点在于，将大堂的绿色塑胶材质蔓延至会议室的顶面，并利用通透的钢化玻璃隔墙，将大堂的景色一并借入会议室内，使得空间内布满盎然的生态气息。

二、玻璃隔断 + 红砖色的西部风格办公空间

●建筑面积 :475m² ●办公人数：40~50 人 ●装修造价：70 万元

功能分区	界面材料	环境设计
接待室	红砖	暖黄色整体色调
开敞式办公区	地毯	黑红不一的红砖
会议室	实木复合地板	黑色吊顶 + 水泥灰墙面
经理室	拼接实木	直接照明设计
	黑色乳胶漆	铁皮隔断隔声

案例说明

　　本案是一家做牛仔服装的公司，因此办公空间内的风格整体偏近于美国西部的牛仔风。办公空间的整体色调以暖黄色为主，在材料的运用上多采用具有粗犷质感的材质。如色彩黑红不一的红砖、不做处理的水泥方柱、裸露的黑漆吊顶等，无不在诠释着空间的粗犷。虽然空间内的材质不注重细节的细腻性，但设计出来的空间却颇具时尚感，给人以舒适的感觉。无论是拼接实木的办公桌，还是皮革的座椅，使用起来都十分的舒适，工作人员的工作舒适性随着设计也有了明显的提升。

▲会议室：钢化玻璃材质的会议室桌面，保留了良好的通透性

▲接待室：米色的皮革沙发，提升空间内坐卧的舒适度

▲公共办公区：呈一定规律排列的办公桌椅，使办公井然有序

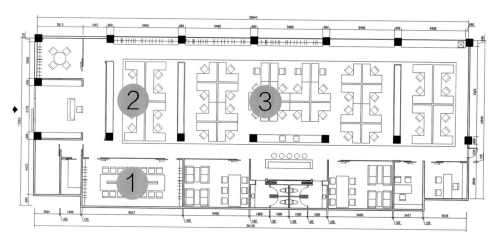

平面图

❶ 接待室

红砖装饰的墙体令空间散发出粗犷感

接待室的墙体虽然都采用了红砖装饰，但并不显得硬朗，没给人不舒适的感觉。这主要来源于地面铺设地毯，搭配柔软的皮革座椅化解了墙体的粗犷，使得空间的使用令人感觉舒适。

② 休闲区

吧台 + 复古装饰画营造西部酒吧感

休闲区设立在公共办公区的旁边，工作之余可以供人休闲使用。长吧台和橙色高脚椅，不会占用太多空间，也能同时容纳多人使用。大幅的西部美式风格装饰画，一下子就将氛围营造而出。

③ 公共办公区

（1）样衣架做隔断

双层的样衣架置于公共办公区，既做隔断分隔不同功能分区，又方便做员工的素材库，在设计时作为参考。过道侧面的样衣架既不浪费柱网之间的空间，也起到了样衣参考和展示的作用。

（2）定制拼接实木办公桌，统一空间的家具设计

　　L 形的办公桌设计利于办公空间的区域分隔，使得每一个工作人员都有属于自己的办公区域。而且桌面采用拼接实木搭配铁皮的设计，更是将空间的西部风情发挥得淋漓尽致。

❹ 经理室

推拉式的移门使得开合更方便

经理办公室内的玻璃移门，包括会议室、接待室等处的移门均采用了推拉的设计形式，这样可有效地节省移门开合所占用的空间。对于面积小巧的经理室更是实用。

三、色彩对比强烈的欧式风格办公空间

● 建筑面积 :58m^2 ● 办公人数： 5~8 人 ● 装修造价： 34 万元

功能分区	界面材料	环境设计
入户花园	欧式护墙板	强烈的色彩对比
接待区	多彩壁纸	护墙板 + 彩色乳胶漆
办公区	实木地板	组合照明设计
经理室	大理石	直接照明设计
	彩色乳胶漆	

案例说明

公司的入口处是一座花园。穿过花园，迎面而来是一道红黑撞色的墙面，强烈的色彩对比下是一株与世无争静静开放的百合花。走入办公室的内部，这里的一切都在重塑你对于工作空间的想象。这里有窸窣的画笔声伴着窗外散落的阳光，还有厨房里烧开水的锅在吱吱作响，揉散固有工作环境的局限，增添了温柔的家庭气息。或许是由于那些复古的相片、年久失修的收音机和意外邂逅的照相机，在长久的伫立中诉说着动人的故事；或许是由于那些红色的火烈鸟、蓝色的孔雀、五彩斑斓的鹦鹉赋予了空间永恒的生命力，对美好生活表达了最真实的向往。

▲办公区：L形的大理石桌面，方便员工的自如办公

▲经理室：欧式的办公桌椅将经理室布置得像家中的书房一样自然

▲入户花园：无论是铁艺花架及桌椅，还是绿色遮阳伞，都很适合户外的使用

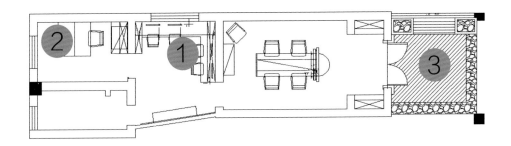

平面图

① 入户花园

欧式小镇风格的花园带给人美好的感觉

摆设在办公室入口处的是铁艺的桌椅、铁艺花架及一个绿色的遮阳伞，在对面的空间则是种满了鲜花。经过这一处进入办公室，总是带给人无限美好的感觉。

❷ 接待区

菱形色块拼接的壁纸增添空间的趣味性

接待区的设计并没有采用过多的色彩。白色的大理石桌面、白色的护墙板及淡青色的墙面，都属于轻快的色系。这时粘贴在隔断墙上的菱形色块壁纸，增添了空间内的色彩跨度，提升了视觉观赏度。

❸ 办公区

黄、黑两色的铁艺座椅适合小巧空间的办公区

办公区的面积不大，设计好大理石办公桌后，很难再摆放其他多余物件。在座椅的选择上，也不适合沉重硕大的欧式座椅。设计师选择了通透性良好的铁艺桌椅化解了这一难题，使空间看起来更具观赏性。

四、Loft 式的北欧现代风格办公空间

●建筑面积 :168m^2 ●办公人数： 10~20 人   ●装修造价： 25 万元

功能分区	界面材料	环境设计
办公区	钢化玻璃	黄色系整体色调
会议区	木地板	镜面装饰
洽谈区	镜片	直接照明 + 装饰照明设计
经理室	吸声板	
休闲区		

案例说明

　　本案办公空间设计面临的主要问题是如何化解挑高空间带来的空旷感。设计师在上、下两层办公空间分别采用了不同的解决办法。二楼设为办公空间加休闲空间，设计师利用了两处空间的不同功能性，进行了分隔式的设计。首先从地面的颜色上进行了划分。一楼的地面使用了浅木色的复合地板，会议区则以偏灰调的地毯与其他空间区分，在墙上则使用了同样的木地板，增加统一感；二楼地面铺满了灰调的地毯，在墙面上则采用了透明玻璃的隐形分隔，使人对楼上空间不会产生压抑的感觉。通过一系列巧妙的设计手法，使原本挑高的办公空间具有了简约的设计美感。

▲办公区：黄色的座椅给无色系的办公区增加了活跃的气氛

▲洽谈区：橙色的天鹅椅使洽谈区充满了不同的设计美感，给访客留下好印象

▲会议区：会议区位于空间正中央，这里既可以是开会交流的地方，也可以是头脑风暴的灵活区

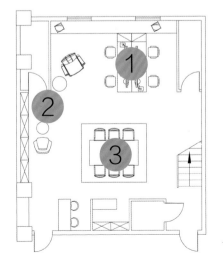

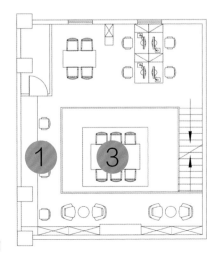

平面图

❶ 办公区

办公桌靠墙，节约小空间难题

一般的办公桌又大又笨重，有时候放几张就把空间塞得满满的，给人非常拥挤的感觉，工作氛围也不好。但如果将办公桌上墙，不仅可以节约非常多的空间，视觉上也更简洁清爽。

❷ 会议区

（1）以地毯分隔出会议空间和其他空间

因为整体空间面积的有限，不能拥有独立的会议室，使用隔断分隔会让空间变得更加拥挤，所以干脆让会议室与办公空间合并，仅以灰色调的地毯作为简单的分区介质，这样既能不让空间有拥挤感，也能让空间充满层次感。

（2）会议区是整个办公室的亮点

由于会议区被设立在了空间正中间的位置，一进公司就能看见，所以在装饰上也要尽量有特点，数量上不宜太多，可以使用比较跳跃的颜色和造型，给整个空间带来不一样的装饰美感。

③ 洽谈区

墙面镜片拓展空间视觉

洽谈区的墙面采用了镜面设计，拓展横向空间，减少了空间狭窄带来的拥挤感。在镜片的墙面设计样品展架，色彩上呼应了座椅的鲜艳橙色，使空间极具整体的视觉美感。

④ 经理室

多功能办公桌提高办公效率

　　经理室采用了极简的设计，除必需的办公桌椅以外没有多余的物品。多功能办公桌的使用，无疑可以提升工作的效率，使工作者更专心于思考。

❺ 休闲区

绿植花卉的摆放是休闲区更具自然

二楼的休闲区位置比较靠里，没有窗户，看不到室外的风景，平添许多拥堵感。这时在设计上采用了摆放绿植花卉的手法，巧妙地化解了这一问题，并使休闲区看起来更具自然气息。

第三节
现代简约型办公空间

一、材料拼接的现代风格办公空间

●建筑面积 :100m^2 ●办公人数： 15~20 人   ●装修造价： 98 万元

功能分区	界面材料	环境设计
办公区	钢化玻璃	黑白褐整体色调
吧台区	黑镜	染色钢刷梧桐木板顶面
休息区	白色烤漆板	间接照明设计
经理室	拉丝不锈钢板	金属砖地面
	金属地砖	白色镜面门板 + 压克力柱

案例说明

　　本案根据业主的个性、企业文化、业务形态与工作流程，重新规划企业CI 概念，改善既有的工作方式，设计新的动线与工作流程。入口处以公司VI 造型墙作为会议室隔墙，上、下使用透明玻璃，减少空间压迫感；会议室以玻璃材料作为隔间，平常可让光线通透，需使用时可将卷帘放下保持私密性，内部天花为冲孔板天花，为客户代理之材料，墙面与天花为 L 形造型，区隔天花产生更多变化；接待区主要是接待客户，中午则是员工私人厨房，每日一起煮饭用餐可增进员工团结力，天花造型与墙面形成大 L 造型，形成包覆感。

▲办公区：设计定制的办公桌椅使空间具有统一的设计感

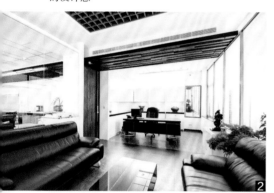

▲经理室：拥有舒适包覆感的真皮沙发，展现出空间的尊贵气质

▲吧台区：高脚凳及黑色大理石台面的设计，增添同事间的愉快沟通

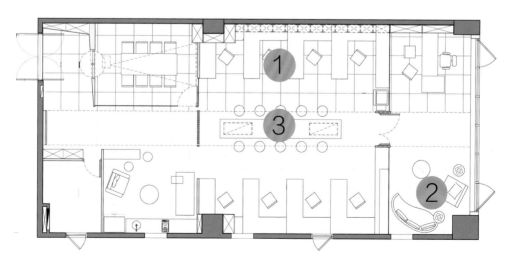

平面图

❶ 开放办公区

根据工作性质定制的办公桌椅，提升工作的效率

设计师根据企业的工作性质，为公司的员工设计定制了专用的办公桌椅，以提升工作效率。从设计层面看，定制的办公桌椅很好地保证了空间统一的设计风格，使空间更具审美效果。

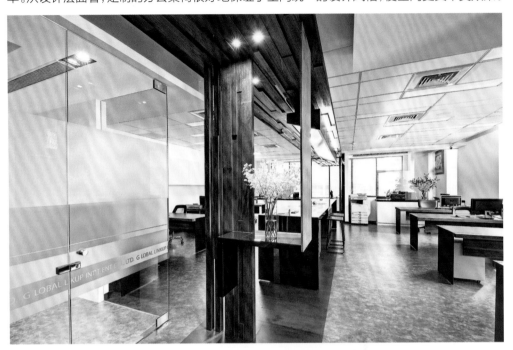

❷ 吧台区

大理石组成的吧台形成空间的隐性分隔

吧台区的功用是多方面的。公司内的同事可聚在这里，坐在高脚凳上商量公司的业务，以提升沟通的效率；这里也可作为午餐桌，分享丰盛午餐。

❸ 休息区

**纯白的色调与其他
办公区产生明显的分隔**

休息区不同于办公
区需要紧张的工作氛围，
这里需要轻松、愉快的
环境，而白色调最易使
人得到这种感受。处在
休息区内，可以与同事
闲聊舒缓心情，也可以
亲自下厨，向同事展示
自己的高超厨艺。

❹ 经理室

独具特色的档案柜为空间增加亮点

天花是与外部相同的梧桐木天花，办公桌后方柜体为档案柜，设计采用白色镜面门板搭
配亚克力柱隐藏灯光，跳脱传统档案柜的感受。

❺ 会议室

（1）穿孔型吸声板做弧形顶面造型

用穿孔型吸声板在顶面上做弧形且有层级的造型，将顶面的消防设备隐藏在层级之中，让顶面更加干净。侧面墙壁用烤漆玻璃做可擦黑板，方便会议时的讨论与记录。

（2）隔墙的造型设计

以公司 VI 造型墙作为会议室隔墙，将锈蚀铁板镭射割字，搭配上方不锈钢板形成对比突出公司名称与企业形象，上、下使用透明玻璃，减少空间压迫感。

二、艺术顶面 + 木色的现代独立风格办公空间

●建筑面积：95m² ●办公人数：2~5 人 ●装修造价：50 万元

功能分区	界面材料	环境设计
工作区	仿古窑变砖	木色整体色调
休闲区	意大利压纹砖	纹路不同的砖块
餐饮区	意大利云彩复古砖	线条吊顶
睡眠区	漂流木纹砖	装饰照明设计
卫浴间	大干木实木皮	

案例说明

空间，随着思维延伸，成就无尽的创意与想象。根据所属的人、事、物，而表现其价值与生活景况，借由艺术者的作业行为、兴趣喜好融于空间，堆栈记忆、刻画真实生活轨迹。在这处 95m² 的空间里，设计师与业主共同为艺术村勾勒出独特的气味，将艺术融入空间本身，将生活艺术化、艺术生活化，以减法为主的设计主轴，专注的以相同的设计语汇流转于空间的各个形式之中，整体办公在艺术的包围下，衍生丰富的人文气息，满溢艺术者的个性与温度。

▲休闲区：方与圆的桌椅组合带给空间欢乐的沟通

▲餐饮区：电器齐备的厨房，可随意烘烤自己喜
爱的食物

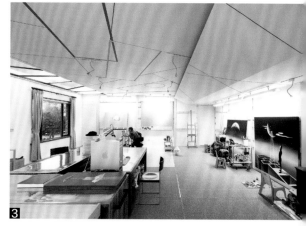

▲工作区：错落线条变化的吊顶，提供艺术家
创作灵感

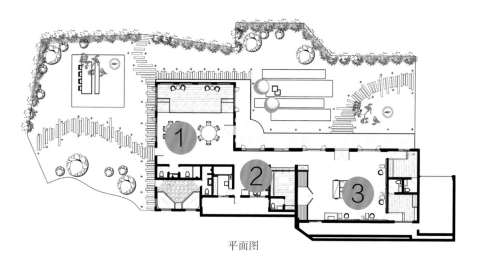

平面图

1 工作区

顶面线条组合成的灯光，激发艺术家的创作灵感

　　工作区的吊顶并没有遵循传统的设计方式，而是采用了极具变化的线条，组合出具有丰富设计效果的吊顶。顶面的灯具同时也隐藏在线条中，开启后的方与圆预示着空间的设计主题。

❷ 休闲区

挑高地台的设计带给空间更多的娱乐项目

空间内除了方与圆的两组桌椅外，靠近窗口的位置设计成挑高的地毯，可以在上面排演舞蹈、娱乐游戏等。由于是木地板设计而成的，具有良好的保暖性，在上面躺、坐、卧都是不错的选择。

❸ 餐饮区

橱柜与吧台一体式的设计，提升进餐的舒适度

厨房空间是敞开式的，白色大理石台面的吧台一方面作为进餐的桌面，另一方面则是厨房间的隐性隔断。当然进餐并不局限在这个位置，靠窗口的双人位餐桌也是不错的选择。

④ 睡眠区

简洁的空间布置，维护清静的办公环境

睡眠区内的设计非常简单，除去空间必需的床、衣柜及书桌等，没有一件多余的家具，也没有摆放一件多余的装饰品。对于工作者来说，这里就是一处安静睡眠的地方，不需要其他的多余功能。

⑤ 卫浴间

悬空的洗手池与镜片，同样呼应了方与圆的设计主题

进入卫浴间是设计精美的方与圆主题的洗手池，再向内则是温泉区。工作乏累时，可在此处享受高温汗蒸的放松，也可泡在温水池中静静地思考自己的创作。

三、原木上墙 + 深蓝色的简约风格办公空间

●建筑面积:71m^2　●办公人数：3~5 人　●装修造价：31 万元

功能分区	界面材料	环境设计
前台区	原木色地板	深蓝色系主题
洽谈区	深蓝色乳胶漆	木地板上墙
公共办公区	成品地毯	直接照明设计
经理室		乳胶漆墙面 + 白色卷帘

案例说明

　　此案例为一处个人工作室，办公人员不多，且都是合作长久的伙伴。大家共同提出了追求个性、喜爱自由的办公环境需求。于是，深蓝色系主题的办公空间应运而生，从空间的地面、墙面一直延伸到顶面，均采用深蓝色的乳胶漆涂刷，为了防止整体办公空间过于黑暗，则采用了大面的白色背景墙、木地板上墙等设计手法，使整个空间在深蓝色调的包围中，彰显出极致的个性化。同时，业主是一位喜爱收藏工艺品、并且有大量藏品的人，他将刷金漆的长颈鹿、色彩艳丽的头像工艺品摆放在办公室的入口处，使每一位客人都能感受到空间设计带来的热情与个性。

▲洽谈区：深蓝漆的墙顶面设计，确保空间的静谧氛围

▲经理室：木地板上墙的创意设计，增添空间质感

▲公共办公区：定制的办公桌椅，展现空间恰当的设计比例

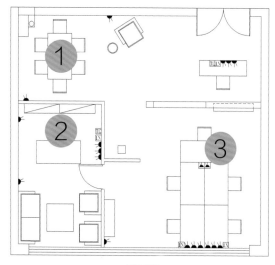

平面图

❶ 前台区

木地板贴面的吧台个性十足

现场制作的吧台，采用了原木色地板贴面的设计，使吧台突出于深蓝色墙面背景，成为前台区的视觉亮点。搭配纯白色的主题背景墙，增添出许多时尚感。

❷ 洽谈区

三原色石膏雕像呼应洽谈桌椅设计

为了不使空间的色彩过于单调，在装饰品的选择上，采用了色彩艳丽的石膏雕像；在办公家具的选择上，采用了黑、白、红三色的圆形桌椅，使整个洽谈区充满活泼、时尚的氛围。

❸ 公共办公区

趣味十足的装饰画

公共办公区的墙面采用了等序的装修画排列装饰，很好地化解了大面积的深蓝色墙漆带来的压抑感。在空间装饰品不多的情况下，承担了提升空间美感与趣味性的作用。

④ 经理室

原木色地板上墙

　　墙面除去原木色地板的拼贴外，没有多余的装饰，体现了简约风格办公空间的特点。深蓝色的墙漆此时则成了陪衬，更加突出原木色地板的原生态与时尚气息。

第四节
稳重凝练型办公空间

一、实木材料装饰的新中式风格办公空间

●建筑面积:160m² ●办公人数：4~6 人 ●装修造价：41 万元

功能分区	界面材料	环境设计
公共办公区	拼接实木	实木色主题色调
接待区	乳胶漆	拼接实木墙面
休闲区	雕花格	水泥光地
洽谈区	板岩地砖	装饰照明设计
总监室		实木屏风隔断

案例说明

　　本案设计主要表达简单而不失时尚、美观而不失风格的设计特点。一走进工作室左手边就是会客接待区域，地面铺设青灰色地砖，墙面扫白挂画，木质灯具，简单大方，深灰色的布艺沙发以及官帽藤椅，具有个性的靠枕，有着中式代表性的方几，一套茶具摆在上面，用镂空木质板把空间分隔开来，再走近一看整个空间就豁然开朗了，首先一个大岛台映入眼帘，岛台是用木地板制成，上方的灯具是设计师自己设计的，中间吊挂起来的朽木是一大亮点。岛台的左、右两边都是办公区域，靠窗角落里的干枝树以及三个榆木书架更加彰显了中式的味道，两堵档案墙记载着客户与企业共同走过的路程。

▲洽谈区：柔软的灰色布艺沙发的坐卧感更加舒适

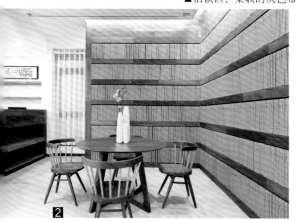

▲休闲区：圆形的实木座椅质感古朴且具有时尚感

▲总监室：白色底纹的水墨画打破了拼接实木墙面的单调设计

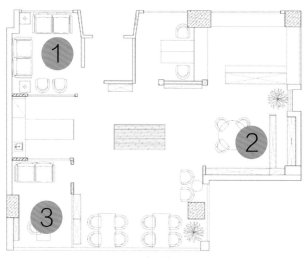

平面图

❶ 公共办公区

办公区与接待区合并，工作与娱乐两不误

将办公空间内最好的、毗邻窗边的位置空闲出来，作为接待区使用，以期带给客户最好的体验。而公共办公区则设计在与其相对的位置，占用了少量的面积，设计出了较多的办公工位。这样的好处在于，整体的办公空间始终具有通透的视觉感，拥有良好的流动空间。而这样的空间不仅限于客户的享用，工作人员乏累时，大家也可聚在这里闲聊，放松心情。

❷ 接待区

朽木装饰在灯具内极具设计感

接待区的中间位置设计为一处吧台，可提供客户在上面选购材料、可在上面摆放装饰品以装扮空间。其中，朽木摆放在灯具中的设计别具一格、十分亮眼，完全与灯具浑然一体，设计感十足。

❸ 休闲区

摆满墙面的文件夹彰显空间的文化气息

圆形的新中式桌椅组合旁边矗立起一道拼接实木搭建成的墙体，中间摆满古色古香的文件夹，内容多是一些客户的信息、设计资料等。视觉上带给人极强的冲击力，像进入一处颇具文化气息的空间。

❹ 洽谈区

专业的茶具摆放使空间更加清雅

　　这是一处相对独立的空间，很适合用来做茶室。摆放在内侧的两款灰色调布艺沙发，拥有舒适的坐卧感。客人坐在沙发上，一边饮着清茶，是很惬意的选择。

二、旧物件 + 现代物件的古朴风格办公空间

●建筑面积：130 ㎡　●办公人数：6 人　●装修造价：39 万元

功能分区	界面材料	环境设计
前台区	旧房梁	木色整体色调
公共办公区	旧木板	办公家具 + 中式古旧家具
经理室	旧窗户	重点 + 装饰照明设计
洽谈区	红砖	半通透玻璃隔断
选材区	乳胶漆	

案例说明

　　本案是一套设计师的个人工作室。一套三居室的住宅改造空间，6 人位的办公需求。因为房主又是设计师的缘故，在设计上拥有充分的自由，因此办公室的各处空间都可看到旧货市场淘来的古朴家具、废弃修理厂找来的烂铁皮、旧房子上拆下来的木门、路边淘来的石头饮马槽；而办公空间内的座椅、吊灯及一些实用性物件则更具现代设计理念，不仅外形简洁时尚，且坐卧感十分的舒适。这套不过 100 多平方米的小型办公空间容纳了经理室、洽谈室、公共办公区、选材区及前台，运用混搭的设计手法，将现代办公家具与中式古旧家具进行恰当的融合，展现出颇具人文气息的办公空间。工作闲暇时，公司的同事总喜爱在洽谈区喝着陈年的普洱畅快的聊天，体验着精致的办公空间带给每一个人的享受。

▲前台区：入户的形象墙完全的遮挡住人们的视线，保护办公空间的隐私

▲办公区：白色与黑色的搭配令办公区显得简洁干练

▲洽谈区：封闭的洽谈区设计，使人们的沟通更加自然舒适

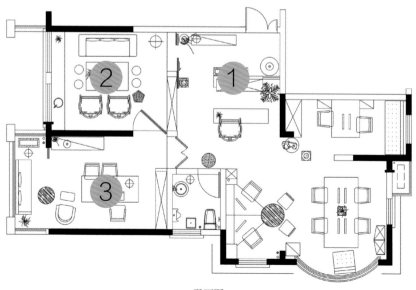

平面图

❶ 前台区

各种创意物件增添前台区的生活趣味

白色的入户 logo 墙下摆满了各处淘来的旧物，有路边淘来的石头饮马槽、把废弃修理厂找来的烂铁皮加工成公司名字的牌匾、从旧房上拆下来的实木圆柱、长满铁锈的人物头像等。

❷ 公共办公区

拆除无用的墙体使空间更通透

从吧台区延伸到公共办公区拥有良好的视觉通透性。主要得益于设计时将无用的墙体全部拆除的缘故，而办公家具设计成全部靠墙摆放也腾出了更多的流动空间。

③ 经理室

古旧的欧式画架装饰效果出色

经理办公室内摆放的欧式画架是在一处不知名的旧货市场淘到的。画架保留了原来的古旧质感，摆放在实木办公室前面常常激发设计师的创作灵感。

❹ 洽谈区

八爪形黑漆铁艺吊灯极具趣味

洽谈室内摆放的家具或是充满古中国味道的太师椅，或是欧式的铆钉黑色皮革沙发，却于吊顶上伸展出一盏八爪形的铁艺吊灯。设计十分大胆，但效果是理想的，提升了空间的趣味性。